数字孪生智慧应用系列丛书

大范围极端干旱应急监测与应急评估实践

雷添杰　周杰　李翔宇　赵海根　王嘉宝　路京选　著

中国水利水电出版社
www.waterpub.com.cn
·北京·

内 容 提 要

大范围极端干旱给人类社会、自然环境以及经济体系带来了深远影响，如何有效地监测和评估大范围极端干旱、建立合理的应急管理机制是亟须解决的问题。本书介绍了协同多遥感参数与地面历史干旱记录构建综合监测指数技术，构建了大范围极端干旱应急监测与影响快速评估方法，并深入分析了国内外大范围极端干旱监测的典型应用案例，旨在为政府决策者、应急管理专业人员以及相关科研人员提供全面的参考和指南，以使其更好地理解和应对极端干旱带来的挑战。同时，书中介绍了综合监测、评估和管理策略，有助于相关研究领域的人员提高应对极端干旱事件的能力，减轻极端干旱可能带来的社会、经济和环境影响。

本书适合干旱监测相关专业师生使用，也可作为相关领域的辅助读物。

图书在版编目（CIP）数据

大范围极端干旱应急监测与应急评估实践 / 雷添杰等著. -- 北京 : 中国水利水电出版社, 2024. 10.
(数字孪生智慧应用系列丛书). -- ISBN 978-7-5226-2854-7

Ⅰ. P426.616

中国国家版本馆CIP数据核字第2024BV4587号

书　　名	数字孪生智慧应用系列丛书 **大范围极端干旱应急监测与应急评估实践** DA FANWEI JIDUAN GANHAN YINGJI JIANCE YU YINGJI PINGGU SHIJIAN
作　　者	雷添杰　周　杰　李翔宇　赵海根　王嘉宝　路京选　著
出版发行	中国水利水电出版社 （北京市海淀区玉渊潭南路1号D座　100038） 网址：www. waterpub. com. cn E-mail：sales@mwr. gov. cn 电话：(010) 68545888（营销中心）
经　　售	北京科水图书销售有限公司 电话：(010) 68545874、63202643 全国各地新华书店和相关出版物销售网点
排　　版	中国水利水电出版社微机排版中心
印　　刷	北京中献拓方科技发展有限公司
规　　格	184mm×260mm　16开本　6印张　151千字
版　　次	2024年10月第1版　2024年10月第1次印刷
印　　数	001—300册
定　　价	**48.00**元

“数字孪生智慧应用系列丛书”
编　委　会

《大范围极端干旱应急监测与应急评估实践》
编　委　会

主　编： 雷添杰

副主编： 周　杰　李翔宇　赵海根　王嘉宝　路京选

编　委： 万金红　王嘉宝　李翔宇　宋宏权　张亚珍
刘宝印　陈　曦　雷添杰　慎　利　王建国
赵海根　秦　景　周　杰　陈东攀　路京选

主　审： 刘宝印　陈东攀

前言

随着全球气候变暖，干旱事件的频率和强度均呈上升趋势，干旱灾害已经成为影响全球粮食安全、生态环境和社会经济发展的重要因素。特别是大范围极端干旱事件，往往会导致严重的粮食减产、水资源短缺和生态环境退化，进而引发社会经济问题，给各国的灾害应急管理带来了巨大挑战。因此，开展大范围极端干旱应急监测与应急评估研究，及时获取干旱发生和发展的空间分布信息，对干旱灾害的预警预报、应急管理和灾后评估具有重要意义。

当前，干旱监测与评估的研究方法主要包括气象观测法、土壤湿度观测法、植被指数法和遥感监测法等。气象观测法是通过气象站点的降水量、气温、蒸发量等数据进行干旱监测，但其空间覆盖有限，难以满足大范围干旱监测需求。土壤湿度观测法则需要大量的地面观测数据，成本较高且难以实时获取。植被指数法利用遥感数据进行监测，但单一的植被指数难以全面反映干旱状况。

近年来，多源遥感数据的广泛应用为干旱监测提供了新的手段。遥感数据具有覆盖范围广、时间分辨率高、获取成本低等优点，能够大范围实时监测干旱的发生和发展。同时，利用历史干旱记录进行干旱评估，可以为干旱监测提供可靠的参考。然而，目前针对大范围极端干旱事件的应急监测与评估研究仍然较少，尚未形成一套系统、全面的技术体系。本书旨在探讨并构建一套基于多源遥感数据与地面历史记录的综合监测指数技术体系，以及大范围极端干旱应急监测与影响快速评估方法；通过对多遥感参数进行协同利用，结合地面历史干旱记录，提出了一套精度较高的干旱监测与评估技术，并通过实际案例分析，验证了该技术体系的可行性与有效性。本书围绕大范围极端干旱应急监测与应急评估这一核心主题，主要论述了以下三方面的内容：

1. 综合遥感干旱指标构建

构建基于监督性自组织映射网络（Su－SOM）的综合遥感干旱指标模型。

该模型通过卫星观测反演长时间序列的降水、植被指数和地表温度，计算出多个单参数异常指标，包括标准化降水指数（SPI）、标准化植被指数（SVI）和标准化地表温度指数（STI），这些单一指标将作为训练模型的输入特征。在具体实施过程中，选取了2014—2018年2000多个站点的中国气象局干旱指数（CMA-CI）数据，其中70%的样本用于模型训练，30%的样本用于精度评估。通过这一方法，成功构建了综合遥感干旱监测指标，并进行了精度验证，确保了模型的准确性和可靠性。

2. 大范围极端干旱应急监测与影响快速评估

利用干旱要素特征与损失量的相关性，构建基于机器学习方法的损失量评估模型。以内蒙古自治区为实验区域，采用1990—2018年的旱情统计资料，综合分析干旱事件的基本特征，从干旱强度、持续时间及影响面积三个方面研究探讨受灾人口、受灾耕地面积、受灾农作物减产率与干旱要素之间的定量关系，并对结果进行精度评估。在具体研究过程中，以内蒙古为例，详细分析了干旱强度、持续时间和影响面积这三个关键因素，并将这些因素与受灾人口、受灾耕地面积和受灾农作物减产率的关系进行了定量研究。通过构建线性和非线性评估模型，发现改进后的模型在评估精度上有显著提升。经过样本数据验证，改进后的内蒙古旱情受灾人口线性评估和非线性评估精度分别提高了3.33%和2.80%，改进后的受旱耕地面积线性评估和非线性评估精度分别提高了12.89%和3.81%。这些改进有效地提高了内蒙古大范围极端干旱评估的精度，验证了基于机器学习方法的损失量评估模型在实际应用中的可行性和有效性。通过这些研究和分析，为干旱灾害的应急监测与评估提供了新的思路和方法，进一步推动了干旱灾害管理的科学化和精准化。

3. 应用案例分析

基于发展的大范围干旱应急监测技术，针对重特大干旱事件开展了5次监测示范，包括2018年内蒙古东部干旱、2019年长江中下游地区夏秋连旱、2018—2019年非洲纳米比亚干旱、2019年澳大利亚干旱和2020年云南春旱。每次监测示范均为课题组提供了详尽的数据、图件和报告，并配合课题组完成了从监测到影响评估的全链条应用，取得了显著的社会效益和经济效益。在这些示范过程中，使用构建的综合遥感干旱监测指数模型，依赖丰富的历史统计数据，并结合实时集成方案文档，确保了数据的准确性和及时性。通过这些手段，能够对干旱的发生和发展进行精确的监测和评估，从而为应急响应提供有力支持。这些监测示范不仅验证了技术的可行性和有效性，也为未来的干旱监测与应急管理奠定了坚实基础。期待这一技术体系能够在更多地区和更广泛的应用场景中得到推广和应用，进一步提升全球干旱灾害的监测和应对能力。

本书获得“十三五”国家重点研发计划项目（2017YFB0504105）资助。

本书参考和引用了国内外诸多相关文献资料，在此谨向有关作者表示诚挚谢意。鉴于水平有限，书中不足和错误在所难免，恳请广大读者不吝指正。

作者

2024年7月

目 录

第1章 绪　论

1.1 研究背景

随着全球气候变暖，极端气候事件增多，重特大自然灾害频繁发生，严重威胁人民生命财产安全。针对重特大自然灾害的快速监测、评估和决策是降低灾害影响的关键。目前世界主要发达国家都在积极建设和完善应对重大自然灾害的应用系统，我国也先后建立了重大自然灾害遥感监测系统和灾害模拟与灾情评估系统，但与国际领先水平相比，空天地基础设施一体化协同监测评估的关键技术应用还很薄弱，灾害监测评估和应急响应决策等空间信息服务能力尚有不足，不同灾种和不同阶段的灾害应急响应缺乏有效衔接，且目前尚无较为完整的应急快速重特大自然灾害监测与评估体系。针对这一问题，“重特大灾害空天地一体化协同监测应急响应关键技术研究及示范”项目获得国家重点研发计划批准并立项。该项目的目标是：突破重特大灾害空天地一体化协同监测评估、应急通信等技术瓶颈，研制复杂灾场环境下星地导航定位和应急通信系统，建成多元异构数据的灾害监测与空间信息服务平台，提升灾害应急响应技术和空间信息服务的集成应用能力；以“一带一路”国家和区域为示范区，构建重特大地震地质灾害、气象水文灾害应急响应示范平台，实现重特大灾害协同监测应急响应示范应用。

干旱等气象水文灾害是发生频率比较高的自然灾害，特别是重特大气象水文灾害给人们的生命和财产安全带来了严重的损害。通过构建综合干旱指数，实现不同等级下的干旱特征要素与损失量的评估，实现干旱地区的快速应急评估，通过应用示范，为相关救灾减灾决策部门提供及时有效的信息支撑，把干旱等重特大气象水文灾害产生的影响降到最低。

1.2 研究现状

1.2.1 旱情遥感监测指标研究进展

随着连续、高质量、大范围特别是全球干旱数据需求的不断增加，基于站点的观测数据受到空间、时间等多种限制，往往难以满足日益增长的需求[1-2]。近30年来，随着全球地观测技术的迅速发展，卫星遥感监测干旱技术取得了长足的进步，已经发展出多种遥感干旱（或土壤水分）监测模型，提出了几十种遥感干旱指数，并在各国干旱监测中得到有效应用[3]。同时，3S［遥感（remote sensing，RS）、全球定位系统（globle position system，GPS）和地理信息系统（geographic information system，GIS）］技术也广泛应用于干旱的监测与评估，构建了基于 3S 的干旱风险区划、干旱跟踪评估、干旱灾后评估的技术体系[4]。卫星遥感被认为是弥补这一不足的最佳手段，特别是在全球尺度上，可提高干旱监测能力。基于遥感开展干旱监测始于 20 世纪 60 年代[5]。

特别是 20 世纪 90 年代后期，随着用于全球范围监测的传感器和静止卫星平台的出现，干旱遥感监测进入了新纪元。星载传感器比如中分辨率成像光谱仪（moderate - resolution imaging spectroradiometer，MODIS）、高级微波扫描辐射计（advanced microwave scanning radiometer for earth observing system，AMSR - E）、热带降雨测量任务（tropical rainfall measuring mission，TRMM）卫星、全球卫星降水计划（global precipitation measurement，GPM）以及重力场卫星（gravity recovery and climate experiment，GRACE）能够获取近乎每天从 250m 到数百千米的空间分辨率，波谱范围从可见光、红外到微波的全球数据以及重力场数据[6-7]。

遥感数据极大地促进了干旱遥感监测的革新。遥感可以提供近乎实时的高时空分辨率的数据，使得遥感干旱监测应用向精细化方向发展，大大提高了模拟参数精度。在对前人所做工作及文献进行总结的基础上，根据旱情遥感监测指标提取所利用的特征参数的不同，将其划分为七大类：植被指数、降水产品、地表温度、土壤湿度和地下水、蒸散发、地表水体面积、综合遥感监测指数。

1.2.1.1 干旱的定义

干旱不同于旱灾、干旱气候，它是一种水分缺乏的现象，一定程度上可能发展成旱灾，但存在干旱并不代表形成旱灾。干旱气候是指发生在特定区域的一种气候类型，干旱气候区易发生干旱，但不等于发生干旱的地区就是干旱气候区[8-9]。国内外对干旱的定义很多，如世界气象组织认为[10]：干旱指降水相对于长期平均水平持续减少，导致自然生态系统和雨养农业生产力下降的现象。国际气象界认为[11-12]：干旱是长时期缺乏降水或降水短缺导致某方面活动的缺水。美国国家海洋和大气管理局认为[13-14]：干旱指一定时期内非正常干燥产生长时间缺水而导致气候严重不平衡的现象。中国气象局认为：干旱是指因水分的收与支不平衡而形成的持续水分短缺现象。由于国内外、各地区的气候属性不同，干旱的定义和指标也缺乏可比性，因此，干旱的定义至今还没有一个普遍被接受的概念[15]。同时随着研究的不断深入，干旱的定义也逐渐由单一现象转变为考虑人类活动、环境等相关因素的综合现象。笔者认为，干旱是供给水源的持续偏少导致作物生长、人类生活和社会生产等所需的水分得不到有效补充的缺水现象[16-17]。

1.2.1.2 干旱的分类

从不同的角度去分析干旱，可以更好地说明其现象及存在的问题。不同领域的学者对干旱研究的侧重点各有不同。目前，被普遍接受的是美国气象学会[18] 的干旱分类，即气象干旱、农业干旱、水文干旱、社会经济干旱 4 种。干旱类别见表 1.1。

表 1.1 干旱类别

干旱类别	干旱起因	关键要素
气象干旱	降水和蒸发不平衡造成水分短缺	降水、蒸发
农业干旱	土壤含水量低于植物需水量造成作物生长缺水	土壤含水量、植物生长形态

续表

干旱类别	干旱起因	关键要素
水文干旱	水文循环过程中某环节缺水造成河流径流量、水库蓄水减少	水库蓄水体、河川径流量等
社会经济干旱	水分短缺影响生产等社会经济活动	人类社会经济系统

对于4种干旱类型，从发生时间上，由先到后依次是气象干旱、农业干旱、水文干旱和社会经济干旱；从复杂程度上，由简单到复杂依次是气象干旱、水文干旱、农业干旱和社会经济干旱。干旱类别关系如图1.1所示。

干旱的最初体现是气象干旱，当发展到一定程度时，会导致农业干旱和水文干旱，同时气象干旱也受到农业干旱和水文干旱的反馈制约。农业干旱影响下垫面的变化，进而影响水文干旱，并且水文干旱对农业干旱也有反馈作用，如流域蓄水体的灌溉一定程度上补充了土壤水分和植物生理上的水分亏缺。水文干旱联系着气象干旱和农业干旱，且三者均会对社会经济造成影响，继而引发社会经济干旱[19-20]。因此，不同干旱类型之间关系复杂，但又紧密联系，从干旱类型的角度分析干旱更有利于了解其形成机理与发展趋势[21-23]。

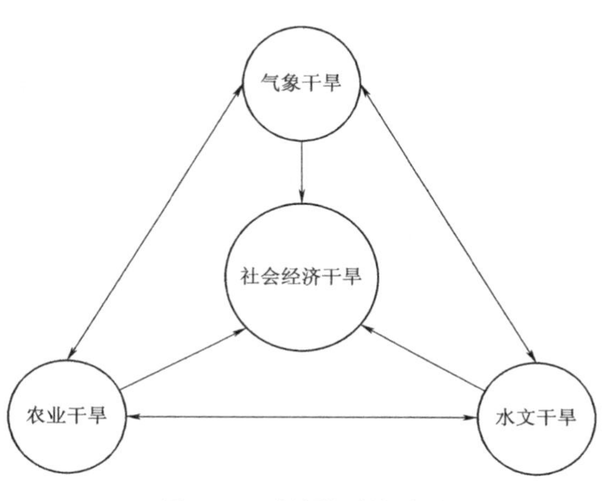

图1.1　干旱类别关系图

1.2.1.3　植被指数

通常采用各种植被指数表征植被状态。植被指数通常选取对绿色植物强吸收的红光波段和高反射、透射的近红外波段[24]。这两个波段不仅是植物光谱、光合作用中最重要的波段，而且它们对同一生物物理现象的光谱响应截然相反，形成明显反差，这种反差随着叶冠结构、植被覆盖度的不同而变化，因此可以针对它们用比值、差分、线性组合等多种组合来增强或揭示隐含的植物信息[25]。

目前，应用最广泛的植被指数是归一化差值植被指数（normalized difference vegetation index，NDVI）[26]。NDVI可以描述植被水分含量，表征植被健康状况，同时与降水、热量等环境参数具有密切关系。当干旱发生时，土壤水分含量降低，植被受到水分胁迫影响，健康状况会发生变化，鉴于NDVI具有表征植被状况特征的特点，该指数广泛用于农业干旱的监测，例如黄文琳等[27]基于NDVI指数和标准化降水指数（standardized precipitation index，SPI）研究了干旱状态下内蒙古植被物候的时空变化规律。另外，也有很多学者研究了NDVI与降水量及土壤水分之间的关系，例如张佳琦等[28]基于NDVI数据和降水等气象数据，分析了气候变化（降水、气温）对三江平原的干旱时空演变特征；Gessler et al.[29]基于1990—2011年的NDVI数据和美国航空航天局的降雨等数据分析了南亚植被动态、干旱与气候的相关关系。

NDVI以及NDVI衍生的一些指数虽被广泛用于干旱监测，但是这些指数也有一些局限性[30]。在植被冠层浓密的区域，NDVI容易出现饱和现象；在比较湿润的生态系统中，土壤湿度不会限制植被生长。当出现干旱情况下，季节间NDVI差异很小，无法准确识别出干旱事件。另外，在植被稀少的半干旱区，土壤背景对NDVI影响很大。同时，采用NDVI表征干旱时，将存在一定程度上的滞后性，这种滞后性将会在一定程度上降低干旱预警与预测的时效性[31]。

1.2.1.4 降水产品

无论哪种类型的干旱，均与降水亏缺有关。因此，准确及时地估算降水量是干旱监测的有效途径。估算降水主要通过利用雨量站和早期雷达测雨实现的，这两种途径估算降水误差较大，实时性也较差。目前，采用WSR－88D雷达和雨量观测网来估算降水[32-34]。

（1）基于WSR－88D雷达的降水估算。WSR－88D雷达的降水算法相比之前的雷达系统有明显的提高，其覆盖范围大（半径230km）、实时性好，在水文、干旱等领域都有很大的发展空间。但基于雷达估算降水也受到很多因素的限制，如雷达反射率校准、信号衰减、极化、适应性参数调整、波束阻挡等。

（2）基于雨量观测网的降水估算。基于雨量观测网的降水估算有两种方式：①实时站点，每15min传送一次数据；②每24h报告一次降水信息。前者虽然实时性较好，但误差相对较大；后者在实时性方面不如前者。

（3）基于卫星遥感数据的降水估算。基于雨量观测网的降水估算受到站点数的限制，基于雷达的降水估算在山区等地受到覆盖范围的限制。基于卫星遥感数据估算降水的算法主要有TRMM、美国气候预测中心变形技术（climate prediction center morphing technique，CMORPH）、基于人工神经网络的遥感信息降水量估算（Precipitation Estimation from Remotely Sensed Information using Artificial Neutral Networks，PERSIANN）。

（4）多传感器降水估算（multi－sensor precipitaion estimation，MPE）系统。多传感器降水估算系统的目的是将WSR－88D雷达每小时的原始降水数据，结合其他质量控制数据（雨量站、卫星数据）进行误差改进，形成比较准确的降水数据。利用雨量站、雷达以及多传感器的降水估算，可以获得时空连续、近实时的降水数据，进而用于干旱监测。

旱情监测指标包括SPI、降水距平、百分率等。利用栅格单元的降水数据计算得到的SPI，数据更加连续，可用于县/区尺度上的干旱监测[35]。降水遥感反演产品覆盖范围广、实时性强，但是空间分辨率低，受地形影响较大，适用于大尺度干旱监测，如豆晓军等[36]基于1959—2014年的597个气象观测站点数据构建了SPI，研究了我国干旱的时空演变特征，并在此基础上确定了相应的干旱分区；Dabanli et al.[37]分别基于不同时间尺度（1个月、3个月、6个月和12个月）的SPI分析了土耳其1931—2010年的干旱时空演变特征。

1.2.1.5 地表温度

地表温度（land surface temperature，LST）与湿度关系密切，由局地尺度上的地表状况和大尺度上的大气状况决定，反映了物质与周围环境能量交换的能力。面对干旱胁迫，植物通过调整气孔开度，防止植物体内水分损耗。气孔的关闭，增大了叶表面阻抗，减少了植被蒸腾，从而使冠层表面温度升高。因此，由植被表面的温度变化可推演出干旱胁迫状态[38-39]。

基于该现象的遥感干旱指数有条件温度指数（temperature condition index，TCI）、归一化温度指数（normalized difference temperature index，NDTI），以及结合温度和植被指数的作物水分亏缺指数（crop water stress index，CWSI）、水分亏缺指数（water deficit index，WDI）、温度植被干旱指数（temperature vegetation dryness index，TV-DI）、植被健康指数（vegetation health index，VHI）、条件植被温度指数（vegetation temperature condition index，VTCI）、植被供水指数（veqetation supply water index，VSWI）等。Bento et al.[40] 基于 TCI 和 NDVI 的 VHI，将其应用于干旱的监测；陈阳等[41] 基于地表温度和植被指数的遥感产品，监测和分析了 2009 年 9 月至 2010 年 3 月云南省干旱演变的时间特性和空间特征。地表温度反演参数人为性强，受地表类型影响较大，但时间分辨率高，致使遥感干旱指数在描述干旱状况时存在一定差异[42]。

1.2.1.6 土壤湿度和地下水

土壤湿度是土壤中包含水分的比例，主要用于描述干旱灾害的地表参数。土壤湿度变化会改变其反射率、介电常数和温度等特性，从而导致土壤表面电磁辐射强度发生变化，因此通过测量土壤电磁辐射强度便可对土壤水分进行遥感监测[43]。基于土壤温度随土壤含水量的变化而变化的特性，利用热红外波段遥感进行地表温度产品的反演，间接开展土壤水分胁迫的监测[44-45]。依据土壤水分含量不同导致土壤介电常数的差异，利用微波后向散射特征估算土壤湿度。

目前，大部分干旱产品以及帕默尔干旱强度指数（Palmer drought severity index，PDSI）等干旱指数仅考虑土壤上层部分（深度＜2m），没有系统考虑土壤湿度、地下水等，不能全面反映干旱特征，特别是水文干旱情况。因此，同化 GRACE 数据进入支持地下水的地表模型作为新的干旱手段具有很好的前景，近年来，采用 GRACE 数据来表征和监测水文干旱已逐步成为干旱学者关注的热点内容，如张丹等[46] 基于 2003—2012 年的 GRACE 数据识别并分析了我国长江流域 8 条支流的水文干旱特征；Thomas[47] 基于 GRACE 数据构建了地下水干旱指数，在此基础上分析了于加利福尼亚州水文干旱的时空演变特征。

土壤水分是干旱监测最有效的手段之一，然而目前遥感反演精度差，时空分辨率较低，适用于大范围干旱监测，同时受地表类型影响大[48-49]，主被动微波、可见光相结合是提高遥感监测水品的重要途径。

1.2.1.7 蒸散发

蒸散发（evapotranspiration，ET）是蒸发和植被蒸腾的总和，是水分从地球表面到大气中的过程。土壤水分和植被覆盖是联系两者的纽带，一旦发生干旱，土壤水分减少，土壤蒸发降低，植被也因无法从根部吸收过多的土壤水分而导致蒸散相应减少，这样整个地表蒸散状况会降低。因此，蒸散的变化与地表干旱有着密不可分的联系[50-51]。水分、能量和水汽压是发生蒸散的 3 个必需条件。气象学上，按照这 3 个必要因素可将蒸散分为水分平衡法、能量平衡法和微气象学法三种[52]。

常用的基于蒸散发的干旱监测指数有蒸散异常指数（ET anomalies index）、蒸散胁迫指数（evaporative stress index，ESI）、作物缺水指数（crop water stress index，CWSI）等。王文等[53] 基于站点数据分别计算了SPI、侦测干旱指数（reconnaissance drought index，RDI）和ESI，采用Mann-Kendall法揭示了云贵地区15年来的干旱演变特征，并分析了干旱与蒸散发的响应关系。Um et al.[54] 利用美国佐治亚州小河试验流域收集的流量和土壤湿度测量数据，对站点和遥感干旱指数进行了比较，指出ESI显示出合理的性能，与观测到的土壤水分和水流相比，准确度分别约为90%和80%。当根据土壤水分和水流阈值表征干旱时，ESI捕捉短期干旱的能力等于或优于PDSI，但在严重干旱的情况下，ESI的准确度较低。然而，蒸散发遥感反演一直是研究的难点和热点，虽能够较好地监测干旱的时空动态，但其产品可靠性较差，应用效果不是很理想[55-56]。

1.2.1.8 地表水体面积

在干旱严重时，河川、湖泊、水库等地表水体面积发生变化，因此地表水体面积变化程度可以用来衡量旱情的严重程度。随着近年来遥感数据时空分辨率的不断提高，遥感技术可以快速、高效、动态大范围地监测地表水体面积变化。在获取地表水体长时间监测数据的基础上，通过构建水体指数或利用阈值法监测不同区域水体面积变化和典型地表水体变化等不同监测目标水体面积的变化，搭建不同水体面积变化-旱情等级监测模型，进行区域旱情严重程度的衡量。主要方法有阈值法、归一化差异水体指数（normalized difference water index，MNDWI）法等。徐焕颖等[57] 采用MNDWI、VHI和SPI分析了2001—2012年华北平原的干旱在年际、季节和空间上的变化规律，得知地表水体面积遥感反演精度高，随着遥感数据的不断更新，时空分辨率也在不断提高。然而，地表水体面积变化与干旱程度之间的关系仍需要深入开展研究，导致目前实际应用较少[58]。

1.2.1.9 综合遥感监测指数

干旱具有非常复杂的成因和时空特征，不仅其发生、发展、结束时间很难界定，而且其严重程度也很难刻画。因此，要全面反映干旱的时空特征和严重程度，需利用多种地表水热参量和气候参量综合描述干旱胁迫条件下的植被特征。

2004年，Keyantash et al.[59] 综合了气象、水文及陆面蒸发、土壤湿度和雪水当量等水分要素，研制了多要素集合干旱监测指数，具有表征性强、计算简单等优点。一些国家开始研发多指数和多技术集成的干旱监测系统。早在20世纪70—80年代，基于降水和遥感数据、技术的集成，澳大利亚研制了比较简单的干旱集成监测系统。为了更客观、公平和透明地处理极端事件，2005年澳大利亚联邦科学与工业研究组织（commonwealth scientific and industrial research organisation，CSIRO）合作完成了澳大利国家农业监测系统（national agricultural monitoring system，NAMS），准确提供地区概况、降水、气温、植被覆盖、牧草产量、作物产量及农作物价格等。1989年，为满足气象、农业、水文及减灾支持和应急管理等需要，印度空间部和农业部联合研制了一个综合的国家旱情评估和管理系统。20世纪末，美国政府包括美国国家海洋和大气管理局（national oceanic and atomspheric administration，NOAA）在内的多个部门联合研制了美国干旱监测（US drought monitor，USDM），以客观干旱指标综合方法（the objective blend of drought indicators，OBDI）集成了PDSI、美国地质勘探局（united states geological survey，

USGS）的流量指标、标准降水量百分位数（percent of normal precipitation）、SPI、VHI和其他一些辅助指标，如帕默尔作物湿度指数（crop moisture index，CMI）、森林火险指数，还有相对湿度、气温、水库蓄水量、湖泊水位和地下水位等观测资料及一些土壤湿度测量资料等。21世纪初，欧盟基于标准化降水指数、土壤湿度、降水量指数和遥感指数四种干旱指数开发了欧洲干旱观察（European drought observatory，EDO）网络，既能提供实时降水量、土壤湿度、湿度异常、干旱预测、干旱异常预测、叶面指数、缺水指数和光合有效辐射比等，又能根据用户需要自行定制数据产品。

植被干旱响应指数（vegetation drought response index，VegDRI）[60] 是由内布拉斯加大学林肯分校研发的综合监测模型，结合了遥感指数、气候干旱指数以及生物物理参数来描述干旱条件下的植被胁迫特征。VegDRI模型采用数据挖掘技术，将PDSI作为因变量，其他参数作为自变量；选用气象站点作为训练区，建立训练数据库，采用分类与回归树（classification and regression tree，CART）算法，分析训练数据库中的历史数据，生成多个基于规则的、分段线性回归的VegDRI模型；最后将生成的规则应用于其他区域，产生1km分辨率的VegDRI干旱监测结果图。Tadesse et al.[61] 利用植被干旱响应指数（VegDRI）评估了美国南部大平原2011年干旱对植被状况的影响；Nam et al.[62] 通过构建植被干旱响应指数，探讨了韩国在2001年、2008年和2012年严重干旱期间的植被响应状况。其他利用VegDRI相似原理的综合遥感监测模型还有植被展望（vegetation outlook，VegOut）、综合地表干旱指数（integrated surface drought index，ISDI）、旱情指标-综合干旱指数（synthesized drought index，SDI）、光谱维数与温度干旱指数（spectral-dimension and temperature drought index，STDI）等。集成多源数据的优势，挖掘用于不同类型干旱监测的信息，构建综合的干旱监测指数或模型，全球干旱监测技术正在向信息综合和技术集成的方向发展。

1.2.1.10 旱情遥感监测指标的发展方向

准确监测和揭示干旱演变进程，需对气-水-土-植被的综合耦合过程进行研究，进而构建旱情监测机理模型。然而，目前对干旱机理的研究尚不成熟，对各干旱致灾因子是如何耦合并最终形成干旱灾害的过程尚不明确，因此要构建合理的干旱机理模型就比较困难。当前，人们逐步意识到，综合考虑各种干旱致灾因子的干旱监测模型是比较理想的综合干旱监测方法，其可以综合反映干旱对气象、农业、水文与生态等的影响。

（1）构建基于多源空间信息的综合旱情遥感监测指标，推进旱情遥感监测指标的深度、广度应用。目前，无论是光学遥感还是微波遥感，提供的土壤含水量信息尚停滞在浅层，对深层土壤含水量的反演能力较弱。卫星遥感旱情监测产品的质量受到大气、地形、定标和定位及传感器因素的影响加大，时空精度较低而且数据积累也较短，无法满足历史干旱研究时间长度的需求。另外，目前旱情遥感监测技术以半定量与经验方法为主，自动化、定量化程度较低。旱情定量遥感将是遥感研究与应用的前沿问题，需要物理、数学、计算机科学及地学、生物学研究，研制更高精度、更定量的旱情遥感监测模型。在单一旱情遥感监测指数发展的基础上，建立基于多源空间信息的综合旱情遥感监测指数。旱情遥感监测实际应用还缺乏深度和广度，旱情遥感监测指标还不能满足抗旱业务的实际需求，需加大人力、物力投入进行深入的研究，开展广泛的应用实践。

（2）构建空天地一体化的综合旱情遥感监测指标。大力发展水循环观测专业卫星，提高旱情遥感监测产品的时空精度，积极参与地球观测组织集成遥感监测的全球干旱监测预警信息系统的建设，推动我国干旱监测预警信息系统的发展。充分发挥低空无人机遥感平台快速、灵活、机动的优势，搭载不同类型传感器获取高精度的农业种植面积、作物种类、地表反射率、叶面积指数、叶绿素含量、作物高度、生物量及土壤水分等信息，弥补卫星遥感技术受天气、地形、时空间分辨率等影响的不足。另外，基于各类地基观测技术和组网的逐步发展和完善，基于现代物联网技术的地面有线和无线传感器组网技术在智能温室与大田精细作业管理方面得到了快速的应用，能够自动采集作物叶面到冠层、土壤表层到剖面的理化信息，以及农田气温、湿度、光照等环境信息。构建卫星遥感、无人机遥感、地面物联网技术三者相互结合的空天地一体化的综合旱情遥感旱情监测指标，进而搭建多尺度的旱情信息立体监测网，克服地物参数的时空异质性，增强旱情遥感监测的实时服务能力。

（3）以遥感数据为基础研发多源旱情监测数据融合技术，构建基于干旱过程的旱情遥感监测指标或模型。干旱是大气、土壤、植被、水文、生态、社会经济之间相互作用发展的缓进过程，因此，有必要对干旱过程开展综合、动态的监测，涉及如何对气象、农业、水利、生态环境、社会经济以及多源遥感资料等不同时空分辨率信息进行有机融合的问题，构建多源遥感资料、数字高程模型（digital elevation model，DEM）、土地利用覆盖、土壤类型、植被类型、农作物类型、生物量、水系水库、灌溉分布、人口分布、灾情统计、社会经济状况等多方面的综合数据库，将为抗旱减灾管理工作提供强大的数据支撑。在多源数据库构建的基础上，以遥感数据为基础研发多源旱情监测数据融合技术，开发旱情综合监测产品，构建基于干旱过程的旱情综合监测模型或指数。

（4）开发较适合不同区域的旱情遥感监测指标，建立规范的旱情遥感监测标准。目前，旱情遥感监测的研究和业务系统的运行多数基于土地覆盖、土壤特性、地面观测数据耦合卫星遥感干旱指数的半定量经验统计模型，监测结果缺乏可靠的时空对比性，旱情等级的划分主观性强，缺少统一、客观的旱情遥感监测标准规范。不同行业或部门对同一干旱事件动态过程的监测结果存在较大差异而同一部门使用不同的干旱指标对同一干旱过程进行监测，也因标准差异而出现无法进行详细对比分析等诸多问题。因此，需要在对我国历史旱情旱灾特征充分研究的基础上，理清全国各地旱情研究和业务系统的流程，开发较适合全国各地的旱情遥感监测指数，建立规范的旱情监测标准，这有利于推动我国旱情遥感监测研究与业务的进步，也对认清全球变化背景下我国干旱的发生规律研究具有重要意义。同时，借鉴美国国家干旱减灾中心在干旱监测中的成功经验，考虑到干旱发生的特征时空差异性，为满足区域干旱监测的需求，需要针对各地干旱特点，提出适合不同地区、不同时段的遥感干旱监测方案，制定标准，并解决局地监测与全国监测有效统一的问题。

（5）遥感技术与其他专业模型的耦合研究，提升旱情遥感监测指标精度。随着新一代高空间、高光谱和高时间分辨率遥感数据的不断出现，旱情遥感技术在监测对象、监测精度以及监测的业务化流程等关键方面得到更大的突破。干旱是大气、土壤、植被、水文、生态、社会经济之间相互作用发展的缓进、连续变化的动态过程，涉及大气、农业、水文、生态、社会经济的方方面面，单纯依靠遥感数据难以全面系统监测干旱的动态过程及影响。因此，将各种陆面过程模式、气象、农业、水文、生态、社会经济等专业模型与遥感数据进行耦合或同化，弥补遥感观测时空分辨率的缺陷，提高旱情遥感监测的精度。

（6）在大数据时代背景下开展旱情遥感监测指标研发与应用。当前，在防灾、减灾、救灾中，大数据技术和应用发挥的作用越来越大。大数据能有效提高干旱灾害监测、预测、预警、评估的准确度和时效性。大数据在灾害损失统计的有效性方面作用日益凸显，可以避免灾情信息孤岛、重复计算，提高灾害监测与评估的精确度。当海量的数据如潮涌来，如何利用、掌握这些数据，为抗旱减灾救灾工作作出贡献是亟须解决的问题。如果缺乏遥感影像数据，可考虑用大数据手段辅助解决干旱灾害模糊评估的问题。要充分利用和挖掘包括互联网上的各种数据资源，如互联网地图、社会经济、人口分布、土地利用、作物分布、地形、不动产登记、物流数据、交通数据、民航资料、遥感、气象水文农业环保等资料，开展干旱灾害管理云平台建设，建立实时灾情预报与评估系统，万众参与，全民救灾。

为更加科学地开展干旱的大范围监测、评估与预警，通过文献综述及总结的方法，根据旱情遥感监测指标提取所利用的特征参数的不同，将干旱遥感监测指标划分为植被指数、降水产品、地表温度、土壤湿度和地下水、蒸散发、地表水体面积和综合遥感指数，可为干旱遥感监测的指标选取提供有益参考。各类旱情遥感监测指标虽得到了广泛应用，但也存在历史数据序列较短，地表覆盖类型复杂并产生干扰，干旱特征的监测结果差异大，并且存在遥感指数对旱等级的划分阈值较为模糊等一系列问题，因此基于丰富的遥感产品，提出了运用数据同化或挖掘技术建立实时、空天地一体化的综合旱情监测指标，构建旱情监测综合数据库，研发多源融合产品等，瞄准未来可能发展的重要方向。

1.2.2 重特大气象水文灾害基于风云卫星数据监测技术现状

1.2.2.1 风云卫星数据概况

风云三号（FY-3）气象卫星是为了满足我国天气预报、气候预测和环境监测等方面的迫切需求而建设的第二代极轨气象卫星。风云三号气象卫星的研制和生产分为两个批次，风云三号气象卫星系列将应用15年左右。风云三号气象卫星的目标是解决三维大气探测，大幅度提高全球资料获取能力，进一步提高云区和地表特征遥感能力，获取地球大气环境的三维、全球、全天候、定量、高精度资料。风云三号气象卫星的有效载荷多、研制起点高、技术难度大，卫星总体性能接近或达到欧洲研制的Metop卫星（极轨气象卫星）和美国研制的NPP极轨气象卫星水平。风云三号气象卫星研制成功，使我国在极轨气象卫星领域进一步缩小了与美国、欧洲等发达国家和地区的差距，接近或赶上其发展水平，增强了我国参与国际合作和国际竞争的能力。风云三号气象卫星搭载的传感器主要包括可见光红外扫描辐射计（visibal and infrared radiometer，VIRR）、红外分光计（infrared atmospheric sounder，IRAS）、微波温度计（microwave temperature sounder，MWTS）、微波湿度计（microwave humidity sounder，MWHS）和中分辨率光谱成像仪（medium resolution spectral imeger，MERSI）等[63]。

VIRR有10个1km分辨率的光谱通道，其中既有高灵敏度的可见光通道，又有3个红外大气窗区通道。VIRR的主要用途是监测全球云量，判识云的高度、类型和相态，探测海洋表面温度，监测植被生长状况和类型，监测高温火点，识别地表积雪覆盖，探测海洋水色等[64]。VIRR光谱性能见表1.2。

表1.2 VIRR 光谱性能

通道	波段范围 /μm	噪声等效反射率 ρ/%	噪声等效反射率ρ 动态范围/%	噪声等效温差 (300K)/K	噪声等效温差（300K） 动态范围/K
1	0.58～0.68	0.10	0～100	—	—
2	0.84～0.89	0.10	0～100	—	—
3	3.55～3.93	—	—	0.4	180～350
4	10.3～11.3	—	—	0.2	180～330
5	11.5～12.5	—	—	0.2	180～330
6	1.55～1.64	0.15	0～90	—	—
7	0.43～0.48	0.05	0～50	—	—
8	0.48～0.53	0.05	0～50	—	—
9	0.53～0.58	0.05	0～50	—	—
10	1.325～1.395	0.19	0～90	—	—

MERSI可以探测来自地球大气系统的电磁辐射，得到20个通道的多光谱信息。通过成像，可以实现植被、生态、地表覆盖分类以及积雪覆盖等陆表特性全球遥感监测。第8～第16的短波通道为高信噪比窄波段通道，能够实现水体中的叶绿素、悬浮泥沙和可溶黄色物质浓度的定量反演；2.13μm通道对气溶胶相对透明，结合可见光通道，可实现陆地气溶胶的定量遥感；0.94μm近红外水汽吸收带的3个通道，可增强对大气水汽特别是低层水汽的探测能力；250m分辨率的可见光三通道真彩色图像，可实现多种自然灾害和环境影响的图像监测，监测中小尺度强对流云团和地表精细特征。MERSI能高精度定量遥感云特性、气溶胶、陆地表面特性、海洋水色、低层水汽等地球物理要素，实现对大气、陆地、海洋的多光谱连续综合观测。MERSI光谱性能见表3。

表1.3 MERSI 光谱性能

通道	中心波长 /μm	光谱带宽 /μm	空间分辨率 /m	噪声等效反射率 ρ/%	噪声等效反射率ρ 动态范围最大值/%	噪声等效温差 (300K)/K	噪声等效温差 (300K) 最大值/K
1	0.470	0.05	250	0.45	100	—	—
2	0.550	0.05	250	0.4	100	—	—
3	0.650	0.05	250	0.4	100	—	—
4	0.865	0.05	250	0.45	100	—	—
5	11.250	2.5	250	—	—	0.54k	330K
6	0.412	0.02	1000	0.1	80	—	—
7	0.443	0.02	1000	0.1	80	—	—
8	0.490	0.02	1000	0.05	80	—	—
9	0.520	0.02	1000	0.05	80	—	—
10	0.565	0.02	1000	0.05	80	—	—

续表

通道	中心波长 /μm	光谱带宽 /μm	空间分辨率 /m	噪声等效反射率 ρ/%	噪声等效反射率 ρ 动态范围最大值/%	噪声等效温差 (300K)/K	噪声等效温差 (300K) 最大值/K
11	0.650	0.02	1000	0.05	80	—	—
12	0.685	0.02	1000	0.05	80	—	—
13	0.765	0.02	1000	0.05	80	—	—
14	0.865	0.02	1000	0.05	80	—	—
15	0.905	0.02	1000	0.1	90	—	—
16	0.940	0.02	1000	0.1	90	—	—
17	0.980	0.02	1000	0.1	90	—	—
18	1.030	0.02	1000	0.1	90	—	—
19	1.640	0.05	1000	0.08	90	—	—
20	2.130	0.05	1000	0.07	90	—	—

1.2.2.2 干旱卫星监测研究进展

干旱已成为一个焦点问题，直接影响工农业生产和居民日常生活，受到国内外学者的广泛关注[65-66]。传统的农业干旱监测主要是利用地面观测站点的降水量、气温等数据间接地判断干旱，常用的方法有帕默尔干旱指数、标准降水指数、Z 指数[67] 等。遥感以其客观、及时、经济、覆盖范围广、数据连续等特点，弥补了地面站点的不足，已被证明是农业干旱监测中最具前景的技术手段。相比传统的地面观测，卫星遥感监测以较短时间即可获取尽可能丰富的空间信息，具有宏观性、周期性的特征，能快速地定量分析，提高了数据的空间分辨率，更适合全球性、区域性的干旱监测，利用不同传感器获取的数据，计算各种能直接或间接反映干旱情况的参数或指标，已形成了很多种方法。

（1）利用可见光和近红外遥感数据提取地面覆盖物植被指数进行旱情监测。归一化植被指数（NDVI）是应用较广的典型植被指数之一，能反映出植物冠层的背景影响，如土壤、潮湿地面、枯叶等，且与植被覆盖有关。据研究，NDVI 与植被覆盖度、叶面积、叶绿素等植被生理参数密切相关，因此，其能反映出植被冠层的背景影响（如土壤、粗糙度等），也可以用来监测植被生长状态、植被覆盖度。通常将 $NDVI$ 定义为

$$NDVI=\frac{R_{\mathrm{NIR}}-R_{\mathrm{Red}}}{R_{\mathrm{NIR}}+R_{\mathrm{Red}}} \tag{1.1}$$

式中：R_{NIR} 为近红外波段反射率，nm；R_{Red} 为红光波段反射率，nm。

NDVI 受大气、土壤和冠层等背景影响，在高生物量区易发生饱和，而增强型植被指数（enhanced vegetation index，EVI）能有效削弱大气、植被等背景造成的影响，即使在植被覆盖率高的地区也不会发生饱和。条件植被指数（vegetation condition index，VCI）可以反映 NDVI 波动的相对偏差，消除因地理位置、气候类型等不同而造成的 NDVI 地区差异，可用来指示区域级的干旱情况。但是，VCI 易受物候变化的影响，因此只适用于物候稳定期（如植被生长中后期）。

（2）利用热红外波段建立地表温度模型估测土壤湿度。土壤中的水分含量直接影响到植被生长发育，也是土壤干旱情况的重要表征指标，利用热红外遥感温度和气象资料间接

地监测植被条件下的土壤水分是遥感监测土壤水分的一个重要方法。

1）热惯量法。热惯量是物质自身的一种热学特性，可以用来表征土壤的热变化。土壤中的水分含量会影响土壤的热传导率和比热容，而热传导率和比热容又与土壤热惯量密切相关，根据这个关系可以利用热惯量反演土壤水分。热惯量法虽物理意义明确，但所需参数不易获取且计算复杂。Price[68] 在地表热量平衡的基础上，对原始的热惯量进行改进，提出了表观热惯量（apparent thermal inertia，ATI）的概念，并将其定义为

$$ATI=(1-A)/(T_{max}-T_{min}) \tag{1.2}$$

式中：A 为全波段反照率，nm；T_{max} 为一天中最高温度，℃；T_{min} 为一天中最低温度，℃。

在实际研究中，通常用表观热惯量近似地代替真实热惯量。ATI 可以有效地反演土壤水分，从而用于农业干旱监测。其主要适用于裸露土壤或作物生长前期的土壤水分监测，这是因为当植被覆盖度较高时，遥感得到的是土壤和植被的混合信息，会掩盖土壤本身的热特性，降低反演精度。当应用到裸地或低植被覆盖区时，热惯量法监测效果较好，得到的结果比较准确、直观，而在较高植被覆盖区，热惯量法会失效。

2）垂直干旱指数。詹志明等[69] 利用 Landsat ETM⊕遥感影像近红外、红光波段反射率，建立了 NIR－Red 光谱特征空间，以分析植被覆盖状况、土壤含水量与 NIR－Red 光谱特征空间之间的关系，从而建立基于 NIR－Red 光谱特征空间的水分监测模型——垂直干旱指数（perpendicular drought index，PDI），其表达式为

$$PDI=\frac{1}{\sqrt{M^2+1}}(R_{Red}+MR_{Nir}) \tag{1.3}$$

式中：R_{Red} 和 R_{Nir} 分别为大气订正后的红光与近红外波段反射率，nm；M 为土壤线的斜率，(°)。

PDI 直接利用光谱特征，避免了反照率和地表温度的反演，获取简单，更适宜于植被生长初期或裸露地表条件。PDI 与土壤水分呈负相关关系，其与各土层深度的土壤水分无偏相关系数均大于 0.7，拟合效果较好。相较于其他植被指数，PDI 对干旱变化的敏感性较高，可以实现对旱情变化的快速监测，在农业区尤其是雨养农业区的适用性好。

3）改进型垂直干旱指数。受植被覆盖的影响，PDI 在监测干旱时易将植被区误判为干旱区。为解决这一问题，Ghulam et al.[70] 在综合考虑土壤湿度和植被生长特征因子的基础上，引入植被覆盖度因子（f_v）来改进垂直干旱指数，建立了新的干旱监测指数——改进型垂直干旱指数（modified perpendicular drought index，MPDI），其表达式为

$$MPDI=\frac{1}{1-f_v}(PDI-f_vPDI) \tag{1.4}$$

4）修正的垂直干旱指数。$MPDI$ 可以较好地反映表层土壤水分的变化，并适宜于时序变化监测。PDI 和 $MPDI$ 与 0～20cm 深度土壤湿度皆呈负相关指数关系，在稀疏植被条件下，R^2 分别为 0.3197 和 0.3291，$MPDI$ 改进效果不明显，但是在茂密植被覆盖条件下，R^2 分别为 0.4346 和 0.5027，$MPDI$ 改进效果比较明显。$MPDI$ 对干旱变化的响应比 PDI 敏感，在监测农业干旱尤其是作物长势较好地区的农业干旱时效果更好。$MPDI$ 可以对地表情况进行实时监测，作物生长初期植被覆盖度较低时使用 PDI，作物生长中后期植被

覆盖度较高时使用MPDI，综合使用这两种模型对农田旱情进行监测可以提高监测精度。

5）归一化多波段干旱指数。植被冠层能强烈吸收近红外（860nm），而土壤和植被水分在吸收短波红外（1640nm和2130nm）时存在差异，利用这种关系可以获取土壤水分信息。Wang et al.[71] 提出了基于3个波段的归一化多波段干旱指数（normalized multi-band drought index，NMDI），其表达式为

$$NMDI=\frac{R_{860\mathrm{nm}}-(R_{1640\mathrm{nm}}-R_{2130\mathrm{nm}})}{R_{860\mathrm{nm}}+(R_{1640\mathrm{nm}}+R_{2130\mathrm{nm}})} \tag{1.5}$$

式中：$R_{860\mathrm{nm}}$、$R_{1640\mathrm{nm}}$ 和 $R_{2130\mathrm{nm}}$ 分别为MODIS数据在860nm、1640nm和2130nm波段时的反射率，nm。

860nm可以较好地反映植被，1640nm波段和2130nm波段的反射率可以有效削弱大气干扰而获取土壤与植被水分含量，这3个波段的有效组合可以更好地反映农田土壤水分的变化。NMDI对土壤湿度的变化反应比较灵敏，对比分析不同时像的NMDI遥感图像，发现其与0～50cm土层深度的土壤墒情相关性显著，且通过了0.01水平的显著性检验。已有研究发现，NMDI在植被覆盖度较低时（作物生长前期）反演土壤水分效果要好于植被覆盖度高时。

6）表层水分含量指数。为更好地反映表层水分的含量，Du et al.[72] 基于水的吸收曲线和土壤反射率曲线特征，构建了一种新的干旱监测指数——表层水分含水量指数（surface water content index，SWCI），其表达式为

$$SWCI=\frac{R_6-R_7}{R_6+R_7} \tag{1.6}$$

式中：R_6、R_7 分别为MODIS数据在第6波段、第7波段时的反射率，nm。

考虑到植被和土壤的混合差异，组合MODIS第6波段和第7波段得到的干旱指数能够较好地反映地表含水量。对比SWCI、NDVI与实测土壤墒情的相关性，可以发现SWCI与0～50cm土层深度土壤墒情的相关系数均大于NDVI与0～50cm土层深度土壤墒情的相关系数，由此可见，SWCI与0～50cm土层深度土壤墒情的相关性较好，在反演表层土壤水分方面具有较高的准确度，但在反演较深层的土壤水分时会出现误差。

7）农田浅层土壤湿度指数。当前，许多监测指数并不能很好地反映农田浅层的土壤水分变化，为此，张红卫等[73] 构建了农田浅层土壤湿度指数（cropland soil moisture index，CMSI），将MODIS第1通道、第2通道、第6通道和第7通道加以融合，以反映农田浅层的土壤水分变化，该指数表达式为

$$CMSI=\frac{R_2R_7-R_1R_6}{R_2R_6-R_1R_7} \tag{1.7}$$

式中：R_1、R_2、R_6、R_7 分别为MODIS第1通道、第2通道、第6通道和第7通道的反射率，nm。

CSMI考虑了农田浅层和较深层的土壤水分变化，可以有效解决植被覆盖度变化引起的土壤水分监测不精的问题。分析SWCI与0～50cm深度土壤湿度的相关性，发现其相关性较高，均在0.7以上，且通过0.01水平的显著性检验。波段1和波段2可以反映深层土壤水分对植被指数的影响，波段6和波段7可以反映较浅层农田的土壤水分，这4个

波段的有效结合较好地反映了农田浅层的土壤水分变化，适合应用于植被生长中后期，即植被覆盖度较高的情况。

(3) 综合利用可见光、近红外和热红外数据进行干旱监测。利用可见光、近红外和热红外数据进行干旱监测和土壤水分信息提取也是当前广泛应用的方法之一。Gillies et al.[74] 利用遥感反演地表真实温度和 NDVI，在反演过程中将 NDVI 与地表辐照温度预测的边界进行了拉伸处理，并与实验数据进行了比较分析。湿边是基于温度植被指数（temperature vegetation index，TVI）和归一化植被指数（NDVI）派生出来的描述植被覆盖的指数，Kimura[75] 通过修正温度植被指数，提出改进后的温度植被干旱指数——微波温度-植被干旱指数模型（microwave temp erature vegetation drought index，MTVDI）并用于实际研究中，结果表明，湿边指数显示不同地表的 MTVDI 和土壤水分含量的关系，能用于估算大范围的植被覆盖和水分含量，可以用作干旱指数。齐述华等[76] 利用水分亏缺指数（WDI），提出基于遥感的 WDI 判断农田受旱成灾的标准，并利用 1982—2001 年 NOAA 资料提取了全国 1982—2001 年各年份受旱成灾耕地面积。

1）作物缺水指数。Jackson et al.[77] 和 Idso et al.[78] 基于能量平衡提出了水分胁迫指数（crop water stress index，CWSI），用来评价植物受水分的胁迫指数。CWSI 的表达式为

$$CWSI = 1 - ET/ET_0 \tag{1.8}$$

式中：ET 为实际蒸发量，mm；ET_0 为潜在蒸发量，mm。

相较于其他指数（如植被供水指数），$CWSI$ 在植被覆盖地区精度较高，监测效果好，有效地反映了作物的干旱程度。作物缺水指数物理意义明确，但涉及许多参数，计算复杂，对作物缺水指数进行简化是十分必要且可行的。基于能量平衡简化的作物缺水指数，涉及的因子减少，计算量明显降低，更方便应用到实际生活中。同时，$CWSI$ 的要素很大程度上依赖于地面观测站，如果研究区域范围大，所需参数的获取就成为亟待解决的问题，而且易受地形、植被等要素的影响，在植被覆盖度高的情况下易低估旱情，而在城镇密集地区又会高估旱情。

目前，大多数干旱监测指数或适用于裸地、低植被覆盖条件下（如热惯量法、微波遥感法），或适用于中高植被覆盖条件下（如植被指数），很少能适用不同覆盖程度的地表。综合遥感干旱指数可用于作物发育不同阶段的干旱监测，也可根据作物生长过程中的不同时期进行改良调整。

2）植被供水指数。水分充足时，植被指数和冠层温度会保持在一定的范围内，一旦发生水分不足的情况，植被指数会降低，植被冠层缺水会导致温度升高。根据这一原理，综合地表温度监测指标和植被指数监测指标，建立了一种可用于农业干旱监测的综合指标——植被供水指数（vegetation supply water index，VSWI），其表达式为

$$VSWI = NDVI/T_s \tag{1.9}$$

式中：$NDVI$ 为归一化植被指数；T_s 为植被冠层温度，℃。

利用 $NDVI$ 和 T_s 构建的植被供水指数与土壤湿度（尤其是 10cm 深度土层）相关性较高，可以准确地反映干旱情况。已有研究表明，$VSWI$ 在监测农业干旱时具有更好的稳定性和优异性，在整个冬小麦生长序列上稳定性最好。植被稀疏的半干旱区，植被指数易

受土壤背景的影响，在 NDVI 的基础上增加土壤调节系数，对植被供水指数加以改进，以调整植被指数（modified soil - adjusted vegetation index，MASVI）代替 NDVI，可以消除土壤背景的影响，从而提高监测效果。

3）温度植被干旱指数。许多研究表明，当研究区植被覆盖状况从裸地到全覆盖，土壤湿度由极干旱到极湿润，遥感数据获取的植被指数（NDVI）与地表温度（LST）的散点图往往呈三角形或梯形。Sandholt et al.[79] 基于植被指数和地表温度的经验关系，建立了温度植被干旱指数（TVDI）。

$$TVDI=\frac{LST_i-(a_2+b_2NDVI)}{(a_1+b_1NDVI)-(a_2+b_2NDVI)} \tag{1.10}$$

式中：LST_i 为陆地表面温度，℃；a_1、b_1 和 a_2、b_2 分别为干边和湿边的回归方程系数。

$T_{max}=(a_1+b_1NDVI)$，为干边，即研究区内某一时期的同一 $NDVI$ 值对应的最高地表温度；$T_{min}=(a_2+b_2NDVI)$，为湿边，即 $NDVI$ 值对应的最低地表温度。$TVDI$ 基本上能反映表层土壤湿度状况，利用该指标进行农业干旱监测是可行的。$TVDI$ 反演精度较高，所需数据获取方便，利用 MODIS、基高分辨率扫描辐射计（advanced veryhigh resolution radiometer，AVHRR）等遥感数据便可进行大尺度的干旱监测，在干旱监测中得到较好的应用。但是，$TVDI$ 在很大程度上受植被指数的影响，在高、低植被覆盖条件下，其敏感性不同，当研究区植被覆盖度过高（>80%）时，$NDVI$ 会因为饱和不能很好地反映植被状况，导致基于土壤调整型植被指数（soil - adjusted vegetation index，Ts - SAVI）空间特征的作物干旱监测精度大大降低。因此，可基于 Ts - NDVI 和比值植被指数（ratio vegetation index，Ts - RVI）特征空间构建新的温度植被干旱指数，从而提高作物干旱监测的精度。

（4）微波遥感。物体的微波发射率主要取决于其介电特性，土壤水分微波遥感理论基于液态水和干土之间介电常数的强烈反差，由此建立土壤湿度与后向反射系数的统计经验函数，通过遥感数据获取的后向反射系数反演土壤湿度。Gupta et al.[80] 选取热带降雨测量任务（TRMM）卫星 4 年中 6—8 月的观测数据，分析干旱区土壤的干湿状况和时空变化特征，并提出了一种利用微波亮度温度监测干旱的方法。Lee et al.[81] 针对主被动微波遥感数据分别建立了亮度温度、后向散射系数与地表土壤水分、植被参数（叶面指数）的关系，建立了表征前向模型模拟结果与卫星观测数值的差异函数，利用不同通道对前向模型中的各参数进行确定。

综合应用遥感技术获取及时的图像信息，并结合地面降水等数据，在分析地区干旱或监测中也广泛应用。标准化降水指数（SPI）是先求出降水量分布概率，然后进行正态标准化而得到的，综合应用 SPI 和遥感影像数据也是分析和监测干旱的方法之一。

（5）其他指数。常见的有以下两种。

1）波文比指数。地表水热状况的变化会影响到植被指数和地表的温度，而植被指数和地表温度可以间接地反映土壤水分状况，进而反映到干旱上。因此，反映地表水热特性的因子（如波文比、反照率、地表温度）可用于干旱监测模型的建立，通过对模型相关因子在不同时空的差异分析来达到监测干旱的目的。郝小翠等[82] 引入能综合反映地表水热特征的波文比，基于能量平衡构建了波文比干旱监测模型，其表达式为

$$\beta = H/LE \tag{1.11}$$

式中：β 为波文比，J/g；H 为感热通量，W/m^3；LE 为潜热通量，W/m^3。

在对比分析波文比指数、温度植被指数与土壤水分相关性后，发现波文比指数与 0～20cm 土层深度的土壤相对湿度相关性更好，在裸土和植被的混合地表均有较好的监测效果。但是，波文比涉及的参数较多，某些参数（如温度）的变化具有季节性和波动性，使波文比指数与土壤相对湿度的关系不具有普遍意义。

2）能量指数。当土壤干燥时，其向外放出的长波辐射会增强，地表温度和冠层温度会随之升高；当土壤湿润时，长波辐射会减弱，地表温度和冠层温度也会降低。基于这个原理并根据土壤热力学理论，张文宗等[83] 提出能量指数，用遥感来监测农业干旱，该方法弥补了热惯量法难以同时获取昼夜无云资料的局限性，同时在理论上更加符合植物冠层温度与土壤水分呈反比的规律。实际监测应用结果表明，能量指数能较好地反映旱情空间分布和发展过程，更适合农作物土壤水分的监测，可应用于各种植被覆盖条件下以及各种土层深度的干旱监测，监测效果明显优于其他干旱指数，精度可在 87%以上。

不同生长发育阶段，农业干旱具有不同的表现和特征，因此在监测农业干旱时要有实时的、高精度的数据。遥感技术应用于农业干旱监测研究以来，形成了多数据源、多方法的干旱遥感监测体系。干旱监测的遥感数据源主要有 3 种：多光谱数据、高光谱数据和微波数据。其中，多光谱数据源是当前遥感农业干旱监测的主要数据源。高光谱数据分辨率高、波段多、信息量丰富，但其数据量大且获取不易，波段选择和信息提取复杂，这些特点制约其在大面积干旱监测中的应用。微波数据不受云干扰，可全天观测，但是在监测土壤湿度时容易受到地表参数的影响。每一种数据源都有各自的优势和局限性，为了保证数据的连续性、精确性，可以使用多种方法综合利用多源遥感数据。

多源遥感数据的融合可以将不同遥感数据的优势综合起来，弥补单一图像信息的不足，从而扩大各自信息的应用范围，提高遥感数据的可应用性，使农业干旱监测的精度和准确性大大提升。卫星观测数据产品的增加提高了多源数据监测干旱的能力。然而，大量的数据也带来一些科学挑战，如不确定性的评估、数据量的管理、多元数据的融合与合并以及不同观测、数据集一致性的保证。

多源数据融合的干旱综合监测模型是研究农业干旱监测问题的新途径，在解决干旱监测复杂性问题方面有着较大的应用潜力。相关研究表明，单个监测指标由于自身的局限性，往往不能准确地描述旱情，因此，农业干旱监测应该基于多个变量或指标，使干旱监测更有力、更可信。Brown et al.[84] 通过分类回归树的方式提出了植被干旱响应指数（VegDRI），这一模型整合了基于气候的干旱指标、基于卫星的植被指数以及其他生物物理信息，但它主要是基于 NDVI 建立的，而 NDVI 不能确定植被受胁迫的根本原因。因此，可以将 VegDRI 和帕默尔干旱强度指数（PDSI）结合起来，并与卫星获取的 NDVI 信息共同分析，以获得干旱监测的预期结果。Wu et al.[85] 利用量化的综合表面干旱指数（ISDI），确定了 2001—2013 年我国的干旱时空类型及变化趋势，这一指数融合了 9 个变量，包括 2 个气象干旱指标、2 个空间持续变量以及 5 个生物物理数据集，将干旱强度分布与我国的生态地理分区结合起来。杜灵通等[86] 使用 MODIS 和热带降雨测量任务（TRMM）卫星等多源遥感数据，综合考虑土壤水分胁迫、植被生长状态和气象降水盈亏等因素，利用空间数据挖掘技术，构建了综合干旱监测模型-综合干旱指数（SDI），为综合评估区域农业干旱提供了一种新方法。建立复合和多重指标的干旱模型，综合考虑影响农业干旱发生与发展的多重因素（如气象因素、生物物理因素等），能提高指数模型的准确性，从而使干旱监测结果更精准，更有效地应用于防旱减灾工作中。农业干旱遥感监测的一个极为重要的发展方向是指标由单一的气象监测指标转向气象、卫星遥感与作物生理物理特征相结合的综合监测指标转变。但需注意的是，使用多指标进行综合农业干旱评估有一个前提，即所选指标提供的信息彼此独立、互不相关。

作物生长发育不同阶段具有不同的下垫面状况，其对遥感指数的敏感性也有所差异。作物生长初期，地表裸露或低植被覆盖，农业干旱监测方法的构建主要基于土壤水分状况。作物生长中后期，植被覆盖度有所增加，干旱监测除考虑土壤水分外也要考虑植被因子。综合遥感干旱指数可用于作物生长发育不同阶段的农业干旱监测。农业干旱遥感监测形成的多个指数，既需要卫星遥感数据的支撑，也需要其他数据（如气象数据）的支撑，为此，需建立完善的气象数据共享服务体系和卫星遥感干旱数据库，同时加大各部门之间的交流与协作，尽可能地实现数据共享。

1.2.3 协同多元遥感数据的干旱监测技术现状

为了更精准地刻画干旱事件的动态变化过程，需要构建综合干旱过程涉及的多因子构建干旱监测模型[37]。近年来，学界陆续提出了一系列多因子干旱监测指数，而上述已经业务化运行的监测系统也都依赖于多因子协同的旱情监测模型。当前基于遥感的多因此遥感模型尽管能够提供像元级覆盖的旱情监测信息，但这些综合指数在业务化运行中仍面临诸多挑战：①遥感反演参数产品本身存在不确定性，降低了遥感干旱监测结果的可信度，这些不确定性主要包括外界噪声带来的影响和参数反演精度造成的误差；②基于简单的数学组合或统计模型（机器学习）构建的综合干旱监测指数难以从物理上给出明确的解释，导致各个遥感干旱监测指数的区域适用性存在差异[3]。上述主要的业务化运行干旱监测系统都在各自的关注区域得到了较好的推广应用，但这些监测模型的区域可移植性仍然值得探讨。在当前国家大力推进“一带一路”战略的大背景下，相关国家和部门对精准实时掌握区域旱情信息有着迫切的需求[38]。综上，本书主要针对“一带一路”沿线国家准实时干旱监测信息缺失的现状，基于多遥感参数产品发展适宜于该区域的综合干旱监测指数，提供给干旱影响评估任务组进行实时旱情影响评估，从而服务于“一带一路”沿线国家的干旱管理和旱灾应急响应。

1.2.4 大范围极端干旱应急监测技术现状

干旱是一种缓变的现象，其严重程度也随着水分亏缺的逐渐积累表现出不同的旱象及影响，如地表温度、地表蒸散、热惯量及植被等发生变化，能够被遥感手段探测出来，为旱情的监测和早期预警提供了方便和可能[31]（Yan et al.，2018）。而干旱灾害的发生具有显著的时空特性，传统的干旱监测是利用气象和水文观测站获得的降水、气温、蒸发、径流等气象和水文数据，以及农业气象观测的墒情，依据各种干旱指标进行监测[39]（Zhang et al.，2019）。然而地面测点少，单靠常规站点的观测还不能了解干旱发生发展过程的全貌，特别是在站点稀疏的地区，难以满足抗旱决策对面上灾情信息快速了解的需求。

遥感作为一门新兴的科学技术，广泛引入了干旱研究。空间监测方法是伴随着卫星遥感技术的发展而来并逐渐趋于成熟，为干旱的研究注入了新活力。遥感技术具有覆盖范围广、实时性强、持续动态对地观测、识别能力强的特点，通过测量土壤表面反射或发射的电磁能量，探讨遥感获取的信息与土壤湿度之间的关系，能够准确定量监测土壤水分和诊断植被生长状态异常，以开展气象、农业、生态干旱的时空动态监测[23]。遥感监测土壤湿度不仅可以得到土壤湿度时空分布特征及动态变化情况，具有大范围、实时、快速、高效、客观、成本低的优势，而且在一定程度上克服了基于气象站、农业生态站、水文气象站等现有的观测台站网进行干旱监测存在站点稀疏、代表范围有限、观测时空不连续等缺陷[17]。

当前，随着遥感技术的迅速发展，多时相、多光谱遥感数据从定性、定量等方面反映了大范围的地表信息，为实时动态的干旱遥感监测提供了有效的数据来源，为旱情监测开辟了全新的途径[27]。卫星从太空遥感地球，大大扩展了人类认识地表的视角、空间尺度，将传统“点”的测量扩展为“面”的信息，提供了云、降水、土壤水分、蒸散量、植被的生理生态状况、地表热状况等多个与干旱发展过程密切相关的参数，为大范围、快速、动态、精确了解旱情提供了丰富的信息[8]（Agutu et al.，2017）。国内一些学者详细地总结了干旱遥感监测方法及其指标，但仍需要从系统论的角度深入审视旱情遥感监测指标体系的研究进展，尤其是近年来遥感科学与技术快速发展的现状[40]。

干旱过程涉及大气、土壤、植被、水文、社会经济等方面，是一个相当复杂的综合过程，其不仅与某一干旱致灾环境因子有关，而且与这些致灾因子之间的内部耦合作用相关[18]。若要准确监测和模拟干旱过程，必须对气-水-土-植被的综合耦合过程进行研究，建立旱情监测机理模型。但目前对干旱机理的研究尚不成熟，对各干旱致灾因子是如何耦合并最终形成干旱灾害的过程尚不明确，因此要构建合理的干旱机理模型就比较困难[14]。目前的研究已经认识到，综合考虑各种干旱致灾因子的干旱监测模型是比较理想的综合干旱监测方法，其可以综合反映干旱在气象、农业、水文与生态等方面的影响[43]。

具备准确的干旱监测和预报功能的干旱预警系统能够有效地降低社会在干旱面前的脆弱性[1]。干旱监测系统需要通过综合多个气候、水文、土壤和社会经济指标刻画干旱的强度、空间范围以及潜在影响。在干旱监测方法方面，目前，国内外已开展多种类型的干旱监测研究。中国气象局国家气候中心建立了气象干旱综合监测系统。国际上基于卫星遥感对地观测的干旱监测系统最为成熟的是USDM。欧盟委员会联合研究中心建立了EDO，将气象和水文数据与复杂的模型结合，用于监测欧洲的干旱[2]。中国气象局国家气候中心开发的业务化的全国干旱监测系统，定期发布实时旱情信息。此外随着全球对地观测技术的快速发展，积累的海量卫星遥感数据为干旱监测注入了强劲的活力。但目前的干旱监测应用中，主要存在干旱指数的区域适应性差、干旱监测模型缺乏干旱机理考虑等问题[7]。

综上所述，目前的干旱监测指标较多。虽然各类干旱指数在局部区域的旱情监测中有较为理想的运用，但是全球乃至全国尚无一个统一的干旱监测、评价指标。对于目前的遥感干旱指数而言，由于历史数据序列较短，地表覆盖类型复杂并产生干扰，干旱特征的监测结果差异大，并且存在遥感指数对干旱等级的划分阈值较为模糊等一系列问题。本书主要针对“一带一路”沿线国家准实时干旱监测信息缺失的现状，基于多遥感参数产品发展适宜于该区域的综合干旱监测指数，运用数据同化或挖掘技术建立实时、空天地一体化的综合旱情监测体系，基于干旱影响的评估实施旱情影响评估，从而服务于“一带一路”沿线国家的干旱管理和旱灾应急响应。

1.3 研究内容及技术方法

1.3.1 研究内容

（1）风云卫星中分辨率数据水体及地物信息提取算法研究。研发遥感数据处理系统，生成逐日研究区的风云卫星中分辨率数据；构建水体指数、水体干扰因子识别算法和决策树算法，准确提取水体信息；提出研究区土地覆盖分类方法，利用洪水前数据生成研究区下垫面背景土地覆盖类型基础数据，为洪水淹没范围评估奠定基础；开展水体信息、土地覆盖分类验证，对结果进行评价。

（2）风云卫星中分辨率数据干旱指数构建与监测系统研发。构建植被供水指数、植被指数、植被状况指数以及植被健康指数；研发风云卫星遥感数据处理系统，生成“一带一路”沿线国家的风云卫星中分辨率数据干旱指数数据集，为开展干旱监测奠定基础；开发干旱监测模型系统，生成干旱监测产品。

（3）主要研究通过综合考量干旱灾害的“驱动-响应”机制中涉及的多个敏感指示因子，包括降水、植被绿度以及地表温度等，借助遥感技术的大范围高频率的观测优势，构建能够快速、全面、稳健监测“一带一路”沿线国家和地区的综合干旱指标。具体研究内容包括：干旱过程敏感因子筛选；综合干旱监测指标算法研究；干旱监测等级精度评价；大范围综合干旱监测模型业务化集成方案设计；“一带一路”地区干旱监测示范应用。

（4）构建基于机器学习方法的大范围极端干旱应急监测与影响快速评估方法，开展不同干旱等级下的干旱特征要素与干旱损失量相关性研究，采用线性回归模型完成不同干旱等级下的干旱特征要素与干旱损失量的评估；开展不同干旱等级下的干旱要素与干旱损失量评估结果精度评价研究，构建基于混淆矩阵法的评估结果精度评价模型，实现不同干旱等级下的干旱要素与干旱损失量的评估结果精度评价。

1.3.2 主要创新点

（1）考虑干旱发生发展过程中的“驱动-响应”机制，基于监督性自组织映射网络回归模型，利用融合遥感降水、植被指数和地表温度驱动的单因子干旱指标构建了综合遥感干旱监测指数模型。相对于单因子的旱情指标，该综合指标有效融合了干旱过程的驱动因子（降水）和影响因子（植被绿度和地表温度），能够更合理地刻画旱情的动态演变过程，进一步明晰了综合干旱监测指数中不同因子影响强度的时空差异。

（2）干旱监测指标计算高度依赖长时序历史数据处理，成为影响快速大范围遥感干旱监测与评估技术流程处理效率的主要瓶颈之一。本书基于云平台的地球大数据资源，开发了包括历史遥感数据去云重建、遥感干旱指标关键历史组分计算、单因子遥感干旱指标计算等模块，极大地提升了大范围旱情监测的处理效率，实现了技术上的创新。

（3）针对大范围极端干旱应急监测与评估，研究提出一种基于 Fisher 最优分割法改进线性回归模型的不同干旱损失量评估方法，实现了不同干旱等级下的干旱损失量评估；研究提出一种基于机器学习方法的大范围极端干旱应急监测与影响评估方法，实现了不同干旱等级下的干旱损失量评估。

1.3.3 技术路线和方法

研究开展“一带一路”地区大范围极端干旱遥感应急监测与影响评估研究，结合气象数据、水文数据、遥感数据等多源数据，构建基于多源数据融合的协同监测与评估数据库，进一步完成基于遥感的大范围极端干旱应急监测与影响评估示范应用。

具体工作主要包括：大范围极端干旱灾害应急响应示范平台启动后，利用项目收集到的风云卫星、多源遥感参数产品和地面历史旱情数据开展基于风云卫星中分辨率数据的干旱监测产品快速生成、协同多遥感参数与地面历史干旱记录构建综合干旱监测指数产品快速生成，并生成监测专题图；在监测产品获取的基础上，结合基础地理数据和社会经济数据开展基于遥感的大范围极端干旱影响评估，生成受影响人口、受旱耕地、灾区引调水状况等灾情要素的评估专题图；最后生成大范围极端干旱监测评估简报，进行大范围极端干旱监测与影响评估应用示范。

基于多源遥感参数产品，结合历史旱灾信息，分析不同干旱监测指数在不同区域的适应性，进而构建综合干旱监测指数，并开展重大干旱灾害监测示范应用；结合干旱监测结果与灾区地面背景资料信息，发展干旱影响评估模型，并以水分利用效率指标评价不同时间尺度降水的抗旱减灾效益，进而开展“一带一路”典型区域示范重大干旱灾害过程中受影响人口、受旱耕地、灾区引调水状况等灾情要素的评估；基于发展的干旱监测与影响评估技术建立“一带一路”区域干旱协同监测与影响评估应急灾情服务体系。

大范围极端干旱监测与影响评估示范流程图如图1.2所示。

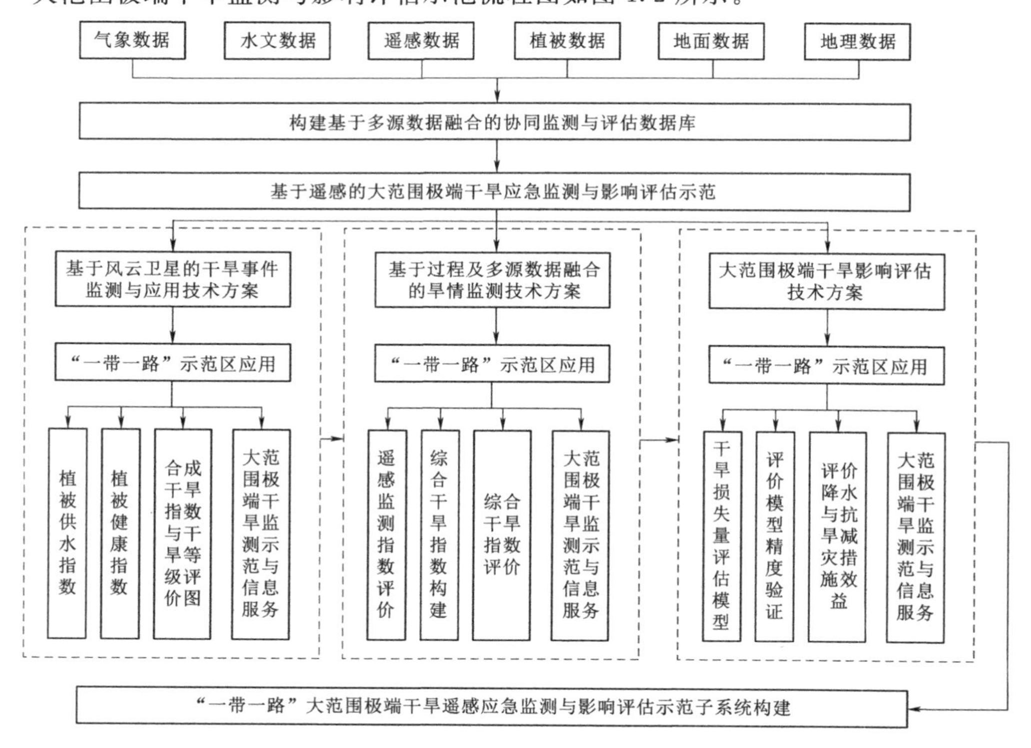

图1.2 大范围极端干旱监测与影响评估示范流程图

第 2 章　协同多遥感参数与地面历史干旱记录构建综合监测指数技术

2.1　研究原理

干旱监测应用中面临的最大挑战在于地面真值的缺乏，主要原因是不同行业部门对干旱的定义存在认知差异。要开展业务化的干旱监测与评估，首先必须确定一个具备一定权威性的干旱真值产品。如当前国际干旱监测研究大多以 USDM 发布的综合干旱指标作为真值产品进行新的干旱监测指标精度评价。中国气象局国家气候中心基于多个站点气象观测指标构建了综合气象干旱指数（compke hensire meteorological drought index，CI），形成了相应的国家标准，并实现了逐日实时发布。CI 提供了较为权威的旱情等级信息。本书采用 CI 站点数据作为旱情参考真值，结合多源遥感参数产品构建综合遥感干旱指标（comprehensive drought index，CDI）。具体来说，采用自组织映射网络（self - organizing mapps，SOM）理论完成综合干旱指数的构建。SOM 是基于竞争性学习（图 2.1），其中输出神经元之间竞争激活，结果是任意时间只有一个神经元被激活，这个激活的神经元称为胜者神经元（winner - takes - all neuron）。这种竞争可以通过神经元之间的横向抑制连接（负反馈路径）来实现，结果是神经元被迫对自身进行重新组合。在竞争学习的过程中，神经元与输入层之间的连接权值会随着输入模式（刺激）的变化选择性地进行调整，调整后的神经元（胜者神经元）的位置变得有序，使得不同的输入在网格上建立有意义的坐标系。因此，在自组织映射网络的输出层神经元构成的网格中，每个神经元的空间

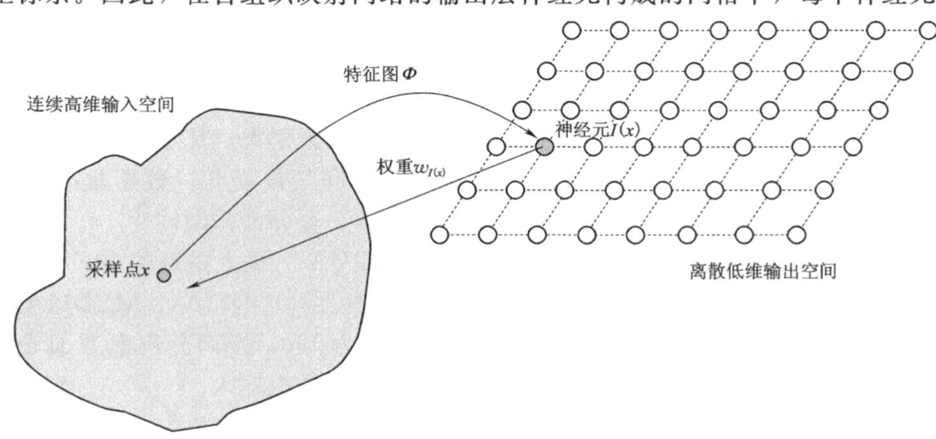

图 2.1　自组织映射（SOM）原理示意图

位置（坐标）表示一个输入模式包含的一个内在的统计特征。传统的SOM主要应用于无监督分类的场景，无法直接用于有真值监督的模型训练。本书使用拓展的监督性自组织映射网络（Su-SOM）作为机器学习模型，以中国气象局发布的站点综合气象干旱指标（CI）作为地面真值，以多源陆表遥感指标作为模型输入驱动，最终构建综合遥感干旱监测指标（CDI）。

2.2 技术流程

基于监督性自组织映射网络（Su-SOM）的综合遥感干旱指标构建流程图如图2.2所示。基于卫星观测反演得到的长时序降水、植被指数和地表温度产品计算得到多个单参数异常指标，SPI、标准化植被指数（standard vegetation index，SVI）以及标准化温度指数（standard temperature index，STI），这些单指标作为训练模型的输入特征。选择2014—2018年2000余个站点的CI数据中的70%的样本作为训练样本，30%的数据作为精度评价样本，从而完成综合遥感干旱监测指标（CDI）的构建以及精度验证。

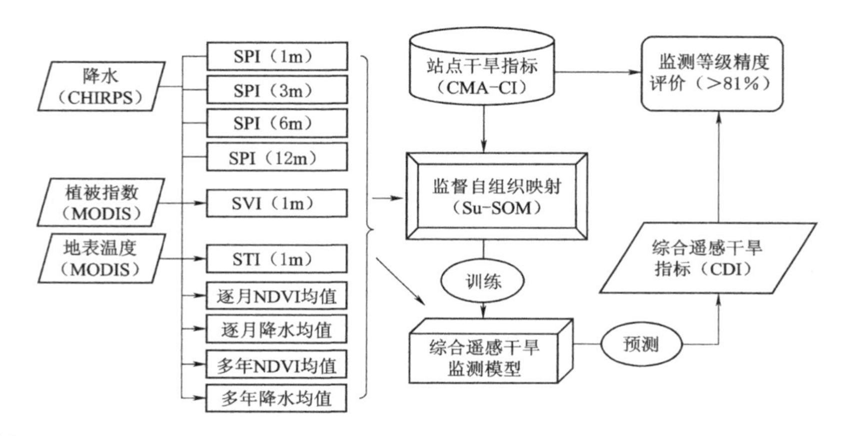

图2.2 基于监督性自组织映射网络（Su-SOM）的综合遥感干旱指标构建流程图

2.2.1 数据与处理

（1）基础数据。降水数据选用CHIRPS（Climate Hazards group Infrared Precipitation with Stations）数据集，该数据集由美国地质勘探局和加利福尼亚大学气候危害小组共同开发，提供从1981年至今横跨全球50°S～50°N的降水数据集，其融合多个卫星观测降水和地面气象站观测降水，主要用于近实时监测干旱和气候变化。数据集时间跨度为1981—2020年，时间分辨率为5d，空间分辨率为0.05°，更新滞后时间为1d。

植被指数主要数据来源为美国的Terra卫星和AQUA卫星上搭载的MODIS传感器获取的每天覆盖全球一次的陆表多光谱观测。具体选用了MOD13A2、MYD13A2产品，时间跨度为2001—2020年，植被指数产品时间分辨率为16d，空间分辨率为1km。业务化运行阶段使用风云三号气象卫星的NDVI产品作为实时数据输入。

地表温度数据主要数据来源为Terra卫星和AQUA卫星上搭载的MODIS传感器获取的每天覆盖全球一次的陆表多光谱观测。具体选用了MOD11A2、MYS11A2产品，时间跨度为2001—2020年，植被指数产品时间分辨率为16d，地表温度产品时间分辨率为8d，空间分辨率为1km。务化运行阶段使用风云三号卫星的地表温度产品作为实时数据输入。

地面旱情数据是构建综合干旱监测指标的训练和验证样本集。数据来自中国气象局国家气候中心每天发布的基于站点的综合气象干旱指标（CI）。该数据集包含我国大陆2000余个站点的数据。时间跨度选用2014—2018年，时间分辨率为1d。

（2）数据预处理。遥感植被指数产品和地表温度产品会受到云覆盖的严重影响，进而影响后续的干旱监测精度。采用谐波去云重建算法（harmonic analysis of NDVI time - series，HANTS）对长时序数据进行去云重建处理。算法的代码可通过互联网免费获取。

将降水数据、植被指数数据和地表温度数据统一裁剪到监测区，并重投影到WGS84坐标系下，重采样到0.01°（约1km）分辨率，时间分辨率合成为1个月。

2.2.2 单一干旱指数介绍

旱情监测指标体系由单一要素监测指标和综合监测指标两部分构成。单一要素监测指标基于当前遥感手段可稳定定量反演的降水产品、植被指数产品、地表温度产品分别定义，能够从不同角度体现旱情特征的演变过程。

（1）标准化降水指数（SPI）。该指数主要将某时段的降水量同历史上同期的降水量进行比较，经正态标准化后划分旱情等级，主要反映气象干旱。该指数的大部分应用都是以地面站点监测数据作为输入特征，受地面站点分布的影响，空间分辨率较低。选用长时间序列遥感反演的降水数据作为输入特征，此处使用的是CHIRPS数据，生成空间分辨率约为1km的旱情等级产品。

（2）标准化植被指数（SVI）。该指数利用当月归一化植被指数（NDVI）同历史同期平均值的差异经正态标准化计算得到，主要通过生态系统对干旱的响应来表征旱情等级。当前诸多遥感NDVI产品可用于计算该指数，此处使用的是MOD13A2数据，计算公式为

$$SVI_i=\frac{NDVI_i-NDVI_{\mathrm{mean}}}{\delta_{\mathrm{NDVI}}} \tag{2.1}$$

式中：i为当前监测月份；SVI_i为监测月的标准化植被指数；$NDVI_i$为监测月的归一化植被指数；$NDVI_{\mathrm{mean}}$为该月历史同期平均NDVI值；δ_{NDVI}为该月历史同期$NDVI$标准差。

（3）标准化温度指数（STI）。该指数利用当月地表温度（LST）同历史同期平均值的差异经正态标准化计算得到。当前诸多遥感地表温度产品可用于计算该指数，此处使用的是MOD11A2数据，计算公式为

$$STI_i=\frac{LST_i-LST_{\mathrm{mean}}}{\delta_{\mathrm{LST}}} \tag{2.2}$$

式中：i为当前监测月份；STL_i为监测月的标准化温度指数；LST_i为监测月的地表温度，℃；LST_{mean}为该月历史同期平均LST值；δ_{LST}为该月历史同期LST标准差。

2.2.3 基于风云卫星遥感技术的干旱综合指数构建

2.2.3.1 层次分析法原理

层次结构分析法的主要思路就是将所研究的问题进行层次化分析，其原理为：首先，

确定一个问题并分析这个问题的性质是什么、要求是什么，以此为基础，制定相应的目标，然后将问题分为多个因素，对该问题进行层次分析，即对同一层次中的各个因素进行权重比较，同时需要考虑对其上一层和下一层的因素进行比较。可见，层次结构分析法往往从上到下、逐层次进行计算，直至完成最后一层的计算。这样就可以清晰地获取各个层次的因素相对于整体的影响程度，即权重系数，将各个因素的权重系数由大到小依次排序，可以判断出各个层次的因素相对于整体的重要程度。

2.2.3.2　单一干旱指数权重赋予

基于层次结构分析法的边坡风险性指标权重计算主要由以下 4 步组成：①建立递阶层次结构分析模型；②构建判断矩阵；③层次单排序及一致性检验；④层次总排序及一致性检验。

（1）建立递阶层次结构分析模型。递阶层次结构分析模型主要由三部分组成：目标层（最高层）、准则层（中间层）、方案层（最低层）。其中目标层表示要决策的问题、解决问题的目的，即对问题进行分析研究后确认如何解决该问题，目标层往往仅有一个元素且权重表示为 1；准则层则表示决策时的备选方案，通过对目标层进行分解，可以将其分解为 n 个子准则，且 n 个子准则的权重值之和为 1；方案层则是对准则层的继续分解，表示解决该问题采用的相关措施，方案层各个元素的权重值之和也为 1。递阶层次结构分析模型结构图如图 2.3 所示。

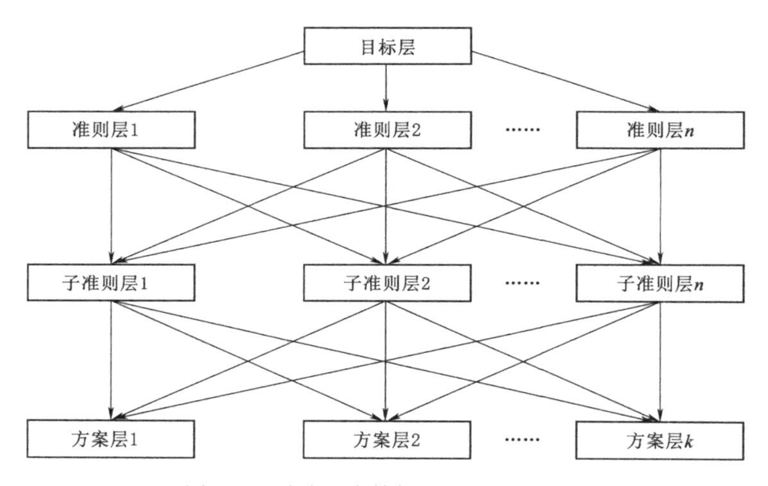

图 2.3　递阶层次结构分析模型结构图

（2）构建判断矩阵。完成递阶层次结构分析模型的构建后，需确定每一层中各个因素的相对重要性，假设某一层的其中一个元素为 A_1，下一层有 n 个元素，分别为 B_1，B_2，B_3，…，B_n，且 A_1 与 B_1，B_2，B_3，…，B_n 具有隶属关系，如何为该 n 个元素赋予数值是层次分析法的重点，因此将元素 A_1 下的 n 个元素进行判断矩阵构建，同时针对上一层元素 A_1 下的 B_1，B_2，B_3，…，B_n 这 n 个元素进行相对重要性比较，从而对每个元素进行赋值，例如 A_i 和 A_j 两个元素，其中 A_i 相比 A_j 更重要，则 A_i 赋予的数值比 A_j 高，至于 A_i 比 A_j 重要多少，A_i 和 A_j 如何赋值，则采用由美国数学家托马斯·萨蒂提出的 1～9 标度法（表 2.1）。

表 2.1　　1～9 标度判断矩阵 a_{ij} 的标度方法

标　度	含　义
1	表示两个因素相比，具有同样的重要性
3	表示两个因素相比，一个因素比另一个因素稍微重要
5	表示两个因素相比，一个因素比另一个因素明显重要
7	表示两个因素相比，一个因素比另一个因素强烈重要
9	表示两个因素相比，一个因素比另一个因素极端重要
2，4，6，8	上述两相邻判断的中值
倒数	因素 i 与 j 比较的判断为 a_{ij}，则因素 j 与 i 比较的判断 $a_{ji}=1/a_{ij}$

利用 1～9 标度法对 B_1，B_2，B_3，…，B_n 这 n 个元素进行两两比较，最终得到判断矩阵 A，判断矩阵 A 的公式为

$$A=|a_{ij}|_{n\times n} \tag{2.3}$$

式中：a_{ij} 为矩阵 A 中的元素 i 与 j 比较的判断；n 为递阶层次结构中元素的个数。

判断矩阵 A 应具有如下性质：

$$a_{ij}>0;\ a_{ij}=\frac{1}{a_{ji}};\ a_{ii}=1$$

(3) 层次单排序及一致性检验。层次单排序是指判断矩阵 A 对应最大特征值 $\lambda_{\max}$ 的特征向量 W。对其进行归一化处理，即为同一层次各个元素相对于上一层次元素的权重排序，称为层次单排序。通过层次单排序可以将单层指标全部转化为权重向量，从而得出各指标间的相互重要性。确定指标权重向量的方法如下：

第一步，将判断矩阵 A 中每行元素相乘，将乘积进行 n 次方求根，得出其几何平均数，计算公式为

$$W_i=\sqrt[n]{\prod_{j=1}^{n}a_{ij}},(i=1,2,3,\cdots,n) \tag{2.4}$$

式中：W_i 为所述的几何平均数；n 为递阶层次结构中元素的个数；i、j 为标量，i、$j=1$，2，…，n；a_{ij} 为矩阵 A 中的元素 i 与 j 比较的判断。

第二步，将上述求取的几何平均数进行归一化处理，求其权重系数，计算公式为

$$W_i=\frac{\overline{W_i}}{\sum_{j=1}^{n}\overline{W_j}},(j=1,2,3,\cdots,n) \tag{2.5}$$

式中：W_i 为所求的权重系数，而 W_i、W_j 为特征向量，W_i、$W_j=[w_1,w_2,w_3,\cdots,w_n]^{\mathrm{T}}$；$n$ 为递阶层次结构中元素的个数。

第三步，计算该特征向量的最大特征值 $\lambda_{\max}$，计算公式为

$$\lambda_{\max}=\sum_{i=1}^{n}\frac{(Aw)_i}{nW_i} \tag{2.6}$$

式中：$\lambda_{\max}$ 为所求的特征向量的最大特征值；A 为判断矩阵；W_i 为权重系数；n 为递阶层次结构中元素的个数；w 为近似特征向量。

完成上述三步，即可获取所有单层指标的权重向量以及最大特征值 $\lambda_{\max}$，下一步需要

进行一致性检验，判断其构建的判断矩阵以及得到的权重向量是否合理。一致性检验步骤如下：

第一步，计算一致性指标 CI，计算公式为

$$CI=\frac{\lambda_{max}-n}{n-1} \tag{2.7}$$

式中：λ_{max} 为特征向量的最大特征值；n 为递阶层次结构中元素的个数。

第二步，计算判断矩阵 A 的一致性比例 CR，计算公式为

$$CR=\frac{CI}{RI} \tag{2.8}$$

式中：CI 为一致性指标；RI 为平均随机一致性指标。

若 $CR<0.1$，判断矩阵满足一致性检验，且平均随机一致性指标 RI 的值按照判断矩阵的阶数 n 选取（表 2.2）。

表 2.2　随机一致性指标 *RI* 标准表

阶数 n	1	2	3	4	5	6	7	8	9	10	11
RI	0	0	0.58	0.90	1.12	1.24	1.32	1.41	1.45	1.49	1.51

(4) 层次总排序及一致性检验。计算某一层次各个因素相对于最高层（目标层）的重要性程度，称为层次总排序。假设层次结构分析模型有三层，分别为目标层、准则层、方案层。准则层包含 m 个指标，其对应权重分别为 a_1，a_2，a_3，…，a_m；方案层包含 n 个指标，其对应权重分别为 b_{1j}，b_{2j}，b_{3j}，…，b_{nj}，因此方案层对目标层的总权重的计算方法为

$$w_{ii}=\sum_{j=1}^{m}a_i b_{ij} \tag{2.9}$$

式中：w_{ii} 为方案层对目标层的总权重；a_i 为准则层对应的权重；b_{ij} 为方案层对应的权重；m 为准则层指标个数，$j=(1,2,3,\cdots,m)$。

完成层次总排序的计算后，需对总排序权重进行一致性检验，计算方法为

$$CR=\frac{\sum_{j=1}^{m}CI(j)a_j}{\sum_{j=1}^{m}RI(j)a_j} \tag{2.10}$$

式中：CR 为一致性检验结果；CI 为判断矩阵的一致性指标，$CI=\frac{\lambda_{max}-n}{n-1}$；$RI$ 为判断矩阵的同阶平均随机一致性指标；a_j 为准则层对应的权重；m 为准则层指标个数，$j=(1,2,3,\cdots,m)$。

层次总排序与层次单排序一致性检验的方式一致，若 CR 小于 0.1，则判断矩阵满足其一致性检验；若 CR 大于 0.1，则判断矩阵不满足其一致性检验，返回重构判断矩阵，直至 CR 小于 0.1 为止。

2.2.3.3　加权平均法

利用 SVI、STI、NDWI 等单一干旱指数以及能反映区域时空变化特征的统计参数，构建干旱综合指数，并结合加权平均模型构建干旱综合指数。在本书中，研究假设单个干

旱指标 *SVI*、*STI* 和 *NDWI* 的权重分别为 w_1、w_2、w_3，计算方法为

$$CDI_i = w_1 SVI_i + w_2 STI_i + w_3 NDWI_i$$

式中：CDI_i 为综合干旱指数；SVI_i 为植被指数；STI_i 为温度指数；$NDWI_i$ 为归一化水分指数。

2.2.4 代码说明

代码一共涉及 26 个输入数据。变化数据 1 个，实时输入数据 6 个，固定数据 19 个。一共定义了 5 个函数：SVI_I 函数、STI_1 函数、SPI 函数用于计算 SVI、STI 以及 SPI（1、3、6、12 个尺度）的 6 个指数；Merge 函数中将所有指数（10 个）合并至一个数据集中；CDI 函数调入 SOM 模型，利用预处理后的数据进行综合干旱指数的构建，最终返回一个 5970 行、7124 列数组形式的全国综合干旱指数预测结果。

2.2.5 旱情等级划分

中国气象局国家气候中心基于多个站点气象观测指标构建了综合气象干旱指数，形成了相应的国家标准，并实现了逐日实时发布。综合气象干旱指数提供了较为权威的旱情等级信息。本书采用 CI 站点数据作为旱情参考真值，结合多源遥感参数产品构建综合遥感干旱指标。综合遥感干旱指标的干旱等级划分标准与综合气象干旱指数一致（表 2.3）。

表 2.3　　综合干旱指数值与旱情等级对照表

综合干旱指数值	旱情等级	综合干旱指数值	旱情等级
$CDI > -0.6$	无旱	$-2.4 < CDI \leqslant -1.8$	重旱
$-1.2 < CDI \leqslant -0.6$	轻旱	$CDI \leqslant -2.4$	特旱
$-1.8 < CDI \leqslant -1.2$	中旱		

2.3 精度评价

（1）全国尺度的验证。利用国家气候中心发布的基于站点数据驱动的综合气象干旱指数（CI）为参考标准，评估了本书研发的综合干旱指标的旱情等级精度，总体监测等级精度达到 81%（图 2.4），达到了项目的指标要求。验证过程中利用了 2060 个有效数据站

		Predicted Grade (DIMMER-CDI)						
		Extreme	Severe	Moderate	Slight	No	total	U-Accuracy
Reference Grade(CMA-CI)	Extreme	5	6	20	31	49	111	5%
	Severe	10	35	114	215	640	1014	3%
	Moderate	17	89	350	851	4213	5520	6%
	Slight	9	81	488	1619	12916	15113	11%
	No	13	122	771	3719	89099	93724	95%
	total	54	333	1743	6435	106917	115482	
	P-Accuracy	9%	11%	20%	25%	83%		81%

图 2.4　全国尺度干旱监测等级精度评估（混淆矩阵）结果

（本图由 Python 软件制作而成，余同）

点，数据覆盖时间范围为 2014—2018 年，站点数据为日数据，遥感指标为月数据，通过求平均将站点数据重采样成月数据后进行比对评估。

（2）云南省的验证。以云南省为例，将模型预测干旱等级结果同云南省 2014 年 1 月至 2018 年 12 月的 58 个气象台站共 5567 个站点监测样本进行对比，进而通过混淆矩阵来对监测等级精度进行评价（图 2.5）。等级监测精度［（正确预测等级样本/总站点观测样本）×100%］约为 82%。

		Predicted Grade (DIMMER-CDI)						
		Extreme	Severe	Moderate	Slight	No	Total	U-Accuracy
Reference Grade(CMA-CI)	Extreme	8	1	0	1	0	10	80%
	Severe	8	28	9	7	13	65	43%
	Moderate	12	43	141	51	72	319	44%
	Slight	5	50	54	539	281	929	60%
	No	15	70	93	209	3857	4244	91%
	total	48	192	297	807	4223	5567	
	P-Accuracy	17%	15%	47%	67%	91%		82%

图 2.5 云南省干旱监测等级精度评估（混淆矩阵）结果

（3）内蒙古自治区东部地区的验证。以内蒙古自治区为案例，对其 2014 年 1 月至 2018 年 12 月的 88 个气象台站共 4878 个数据分别利用 CDI 和 SPI_1（标准化降水指数，一个月尺度）进行干旱监测，将监测结果和观测值进行等级划分并通过混淆矩阵来对监测等级精度进行评价。如图 2.6 和图 2.7 所示，将正确预测的各个等级的数量相加除以总数，得到 CDI 监测等级精度为 82%，SPI_1 监测等级精度为 69%。总体而言，CDI 的干旱监测效果优于 SPI_1。

		Predicted Grade (DIMMER-CDI)						
		Extreme	Severe	Moderate	Slight	No	Total	U-Accuracy
Reference Grade(CMA-CI)	Extreme	7	0	2	1	2	12	58%
	Severe	22	21	8	5	2	58	36%
	Moderate	34	30	86	21	53	224	38%
	Slight	48	30	64	201	240	583	34%
	No	29	37	82	162	3691	4001	92%
	total	140	118	242	390	3988	4878	
	P-Accuracy	5%	18%	36%	52%	93%		82%

图 2.6 内蒙古自治区东部地区干旱监测等级精度评估（混淆矩阵）结果

		Predicted Grade (SPI_1)						
		Extreme	Severe	Moderate	Slight	No	Total	U-Accuracy
Reference Grade(CMA-CI)	Extreme	1	2	1	3	5	12	8%
	Severe	6	20	8	11	13	58	34%
	Moderate	7	22	46	59	90	224	21%
	Slight	5	25	90	135	328	583	23%
	No	1	35	240	545	3180	4001	79%
	total	20	104	385	753	3616	4878	
	P-Accuracy	5%	19%	12%	18%	89%		69%

图 2.7 内蒙古自治区东部地区 SPI_1 干旱监测等级精度评估（混淆矩阵）结果

第3章　大范围极端干旱应急监测与影响快速评估方法

3.1　研究原理和方法

3.1.1　干旱要素特征与损失量相关性分析

干旱事件是指由包括一定持续时间、干旱强度及一定影响面积等多个特征变量构成的极端事件。因此，综合干旱事件的基本特征可以从干旱强度、持续时间以及影响面积3个方面着眼，研究探讨受灾人口、受灾耕地面积、受灾农作物减产率与两者之间的定量关系。在分析此定量关系之前，必须证明干旱强度和持续时间两个要素与旱情受灾人口、受灾耕地面积、受灾农作物减产率的相关性。

分别采用皮尔逊相关系数（Pearson correlation coefficient）、斯皮尔曼相关系数（Spearman correlation coefficient）、肯德尔相关系数（Kendall correlation coefficient）完成干旱强度和持续时间两个要素与干旱受灾人口、受灾耕地面积、受灾农作物减产率的相关性。

（1）皮尔逊相关系数即皮尔逊积矩相关系数，用于度量两个变量 x 与 y 之间的相关性，其相关系数 r 范围为［-1，1］。如下所示：

$$r=\frac{\sum_{i=1}^{n}(x_i-\overline{x})(y_i-\overline{y})}{\sqrt{\sum_{i=1}^{n}(x_i-\overline{x})^2\sum_{i=1}^{n}(y_i-\overline{y})^2}} \tag{3.1}$$

式中：n 为样本量；$\overline{x}$、$\overline{y}$ 分别为两个变量的均值；x_i、y_i 为当前变量；r 为两个变量之间的相关系数，即线性相关强弱程度。

若 r 大于0，表示两个变量为正相关，即一个变量的值越大，另一个变量的值也越大；若 r 小于0，表示两个变量为负相关，即一个变量的值越小，另一个变量的值也越小。r 的绝对值越大，则两个变量之间的相关性越强，反之则两个变量之间的相关性越弱。

斯皮尔曼相关系数主要用来度量两个波形相关程度。当两个波形相同时，斯皮尔曼相关系数的值为1；当两个波形相反时，斯皮尔曼相关系数的值为-1；其他情况下，斯皮尔曼相关系数的值保持在［-1，1］范围内。其主要思想为：将其中一个波形数列 $x=\{x_1, x_2, x_3, \cdots, x_n\}$ 按照升序或降序排列得到新的数列 $a=\{a_1, a_2, a_3, \cdots, a_n\}$，将数列 x 内每个元素 x_i 在数列 a 中的位置记为 r_i，即元素 x_i 的秩次，从而可以得到数列

x 对应的秩次数列 r。同理，将另一个波形数列 $y=\{y_1, y_2, y_3, \cdots, y_n\}$ 按照同样方法获取数列 $b=\{b_1, b_2, b_3, \cdots, b_n\}$，其秩次为 s，将数列 r 和 s 每个元素对应相减得到秩次差数列 $d=\{d_1, d_2, d_3, \cdots, d_n\}$，并将其代入斯皮尔曼相关系数 ρ，计算公式为

$$\rho=1-\frac{6\sum_{i=1}^{n}d_i^2}{n(n^2-1)} \tag{3.2}$$

式中：n 为样本量；d_i 为秩次差数列中的第 i 个元素。

（2）肯德尔相关系数是一个用来测量两个随机变量相关性的统计值。肯德尔检验是无参数假设检验，它使用计算得到的相关系数去检验两个随机变量的统计依赖性。肯德尔相关系数的取值范围为 [-1，1]，当肯德尔相关系数为 1 时，表示两个随机变量拥有一致的等级相关性；当肯德尔相关系数为-1 时，表示两个随机变量拥有完全相反的等级相关性；当肯德尔相关系数为 0 时，表示两个随机变量是相互独立的。

（3）假设两个随机变量分别为 x、y，它们的元素个数均为 n，两个随机变量均取第 i 个值并分别用 X_i、Y_i 表示。两个随机变量 x、y 对应元素组成一个元素对集合 xy，其包含元素 (x_i, y_i)。当集合 xy 中任意两个元素 (x_i, y_i)、(x_j, y_j) 存在 x_i 大于 x_j 且 y_i 大于 y_j 或 x_i 小于 x_j 且 y_i 小于 y_j，则两个元素被认为一致的；当集合 xy 中任意两个元素 (x_i, y_i)、(x_j, y_j) 存在 x_i 大于 x_j 且 y_i 小于 y_j 或 x_i 小于 x_j 且 y_i 大于 y_j，则两个元素被认为是不一致的；当集合 xy 中任意两个元素 (x_i, y_i)、(x_j, y_j) 存在 $x_i=x_j$ 且 $y_i=y_j$，则两个元素既不是一致的也不是不一致的。肯德尔相关系数有 3 种情况，其计算方法分别为

$$Tau-a=\frac{C-D}{\frac{1}{2}n(n-1)} \tag{3.3}$$

式中：C 为集合 xy 中拥有一致性的元素对数（两个元素为一对）；D 为集合 xy 中拥有不一致性的元素对数；$Tau-a$ 为第一种情况的肯德尔相关系数；n 为 x、y 元素的个数。

式（3.3）主要适用于集合 xy 中均不存在相同元素的情况。

$$Tau-b=\frac{C-D}{\sqrt{(n3-n1)(n3-n2)}} \tag{3.4}$$

式中：$Tau-b$ 为第二种情况的肯德尔系数；C 为集合 xy 中拥有一致性的元素对数；D 为集合 xy 中拥有不一致性的元素对数；n 为 x、y 元素的个数。

式（3.4）中，$n3=\frac{1}{2}n\ (n-1)$，$n1=\sum_{i=1}^{s}\frac{1}{2}U_i(U_i-1)$，$n2=\sum_{i=1}^{t}\frac{1}{2}V_i(V_i-1)$，$U$、$V$ 分别是变量 x、y 中的对数。

$n1$ 与 $n2$ 分别是针对集合 xy 计算的，式（3.4）主要适用于集合 xy 中存在相同元素的情况。

$$Tau-c=\frac{C-D}{\frac{1}{2}n^2\frac{M-1}{M}} \tag{3.5}$$

式中：$Tau-c$ 为第三种情况的肯德尔系数；C 为集合 xy 中拥有一致性的元素对数（两

个元素为一对）；D 为集合 xy 中拥有不一致性的元素对数；n 为 x、y 元素个数；M 为 x 与 y 的数据整理成列联表后行数和列数的较小者。

式（3.5）中3种相关系数的取值范围均为 [−1，1]，式（3.5）主要适用于用表格表示的随机变量 x、y 之间相关系数的计算。

3.1.2　基于机器学习方法的损失量评估模型构建

3.1.2.1　Fisher 最优分割法

由于各个指标的含义不同且数量级存在差异，因此需要事先对数据进行归一化处理，避免对结果产生不同程度的影响。经归一化处理计算方法为

$$x'_{ij}=\frac{x_{ij}-x_{\min j}}{x_{\max j}-x_{\min j}} \tag{3.6}$$

式中：x'_{ij} 为归一化后的样本元素；x_{ij} 为样本元素；$x_{\min j}$ 与 $x_{\max j}$ 分别为第 j 个指标的最小值与最大值。

将归一化处理后的训练指标进行 Fisher 最优分割。分割过程为：

首先，定义类的直径，类的直径是反映分段内部差异的指标，内部差异越小，类的直径越小；反之，内部差异越大，类的直径越大。设某个类为 $G=\{y_i,\ y_{i+1},\ y_{i+2},\ \cdots,\ y_j\}$，该类 G 中 j 大于 i。设类的直径为 $D(i,\ j)$，则类的直径表达式为

$$D(i,j)=\sum_{r=i}^{j}(y_r-\overline{y_{ij}})^2 \tag{3.7}$$

式中：r 为指数，$r=(i,\ j)$；y_r 为样本中的特征值；$\overline{y_{ij}}$ 为均值，$\overline{y_{ij}}$ 计算方法为

$$\overline{y_{ij}}=\frac{1}{j-i+1}\sum_{k=i}^{j}y_k \tag{3.8}$$

其次，根据最优分割原则对样本进行分类。将 n 个样本分成 k 类，分别为：$P_1=\{y_{i_1},\ y_{i_1+1},\ \cdots,\ y_{i_2-1}\}$，$P_2=\{y_{i_2},\ y_{i_2+1},\ \cdots,\ y_{i_3-1}\}$，…，$P_k=\{y_{i_k},\ y_{i_{k+1}},\ \cdots,\ y_{i_{k+1}-1}\}$。其中，$1=i_1<i_2<i_3<\cdots<i_k\leqslant i_{k+1}-1=n$。因此目标函数可以定义为 $F(n,k)=\min\sum_{j=1}^{k}D(i_j,i_{j+1}-1)$。

再次，确定最优解。确定 n 和 k 的值即可计算出类直径总和值，当类直径总和值最小时，可认为获取的解为最优解。Fisher 最优分割法的递推定理为

$$F(n,2)=\min_{2\leqslant i\leqslant n}[D(1,i-1)+D(i,n)] \tag{3.9}$$

$$F(n,k)=\min_{k\leqslant i\leqslant n}[F(i-1,k-1)+D(i,n)] \tag{3.10}$$

式中：D 为类的直径；n 为样本个数；k 为类别数。

将 n 个样本分成 k 类，求出 i_k 分割点，使得 $F(n,k)=\min\sum_{j=1}^{k}D(i_j,i_{j+1}-1)$ 的值最小，即 $F(n,k)=F(i_k-1,k-1)+D(i_k,n)$，因此 $\{y_{i_k},\ y_{i_k+1},\ \cdots,\ y_n\}$ 为第 k 类。再找出分割点 i_{k-1}，求出 i_{k-1} 分割点，使得 $F(i_{k-1},k-1)=F(i_{k-1}-1,k-2)+D(i_{k-1},n)$，因此 $\{y_{i_{k-1}},\ y_{i_{k-1}}+1,\ \cdots,\ y_{i_{k-1}}\}$ 为第 $k-1$ 类。以此类推求出所有分割点，求出所有最优分类解。

最后，确定最优分段数 k 的值。根据分类结果，绘制目标函数 $F(n,\ k)$ 随分类数 k

变化的曲线示意图，即 $F(n, k)-k$，根据曲线示意图寻找曲线转折处的目标函数对应的 K 值，且分类数达到 k 值时，损失函数斜率最大，因此 k 值可认为是最优分类数。

3.1.2.2 线性回归模型

线性回归的基本思想是按照一定的准则建立反映因变量与自变量相关关系的数学模型。如果该回归分析模型中只包含一个自变量和因变量，且两者的关系可用一条直线近似表示，则这种回归分析称为一元线性回归分析。

通常线型回归模型公式为

$$y=\beta_1+\beta_2 x+\varepsilon \tag{3.11}$$

式中：β_1 为函数 Y 的截距，同时为被预测变量；β_2 为斜率；x 为自变量，同时为预测变量值；ε 为随机误差。

线性回归模型中，假设在样本集中获取了 n 组数据，分别为 (x_1, y_1)，(x_2, y_2)，(x_3, y_3)，…，(x_n, y_n)。对于平面中这 n 组数据，可以使用无数条曲线来拟合。由于样本回归函数需要尽可能好地拟合这 n 组数据，所以该拟合直线选择中心位置比较合理。选择拟合直线的同时，还需要注意使总的拟合误差（即总残差）达到最小，因此本书采用最小二乘法（ordinary least square，OLS），使选择的的回归模型中所有观察值的残差平方值达到最小。

残差平方和公式为

$$Q=\sum_{i=1}^{n}\varepsilon_i^2=\sum_{i=1}^{n}(y_i-\beta_1-\beta_2 x_i)^2 \tag{3.12}$$

式中：ε 为随机误差；n 为数据组数；x 为自变量；y 为函数值；β_1 为函数 y 的截距，同时为被预测变量；β_2 为斜率。

为了求解最小的残差平方和 Q，分别对 β_1、β_2 求偏导，并令其偏导值为 0，方程组为

$$\begin{cases}\dfrac{\partial Q}{\partial \beta_2}=-2\sum\limits_{i=1}^{n}(x_i y_i-\beta_1 x_i-\beta_2 x_i^2)=0\\[2ex]\dfrac{\partial Q}{\partial \beta_1}=-2\sum\limits_{i=1}^{n}(y_i-\beta_1-\beta_2 x_i)=0\end{cases} \tag{3.13}$$

式中：Q 为残差平方和；n 为数据组数；x 为自变量；y 为函值；β_1 为函数 y 的截距，同时为被预测变量；β_2 为斜率。

因此，当两个偏导式为 0 时，就是残差平方和达到最小值的时候，单独求出 β_1，β_2 即可，公式为

$$\begin{cases}\beta_2=\dfrac{\dfrac{\sum\limits_{i=1}^{n}y_i\sum\limits_{i=1}^{n}x_i}{n}-\sum\limits_{i=1}^{n}y_i x_i}{\dfrac{\sum\limits_{i=1}^{n}x_i\sum\limits_{i=1}^{n}x_i}{n}-\sum\limits_{i=1}^{n}x_i^2}=\dfrac{\overline{x}\,\overline{y}-\overline{xy}}{(\overline{x})^2-\overline{x^2}}\\[4ex]\beta_1=\dfrac{\sum\limits_{i=1}^{n}y_i-a\sum\limits_{i=1}^{n}x_i}{n}=\overline{y}-a\overline{x}\end{cases} \tag{3.14}$$

式中：β_1 为函数 y 的截距，同时为被预测变量；β_2 为斜率；n 为数据组数；x 为自变量；y 为函数值；$\overline{x}$、$\overline{y}$ 分别为 x、y 的均值；a 为线性系数。

3.1.2.3 非线性回归方程

多元非线性回归分析法适用于解释一个变量与多个变量间的非线性关系，由于研究受灾人口、受灾耕地面积、受灾农作物减产率受干旱强度、持续时间等因素的综合影响，其与干旱区强度、持续时间等因素并非呈现理想状态下的线性回归关系，而是近似某种曲线关系，因此采用非线性回归分析法评估研究区的受灾人口、受灾耕地面积、受灾农作物减产率。

多元非线性回归模型的计算方法为

$$y=\beta_1+\beta_2 x+\beta_3 y+\beta_4 x^2+\beta_5 y^2 \tag{3.15}$$

式中：x 为内蒙古自治区东部地区各个站点的干旱强度；y 为内蒙古自治区东部地区各个站点的干旱持续时间，d；β_1、β_2、β_3、β_4、β_5 为多元变量系数。

3.1.2.4 模型影响度评价

由于一元线性回归分析模型中画出的拟合直线中大多数点没有落在直线上，而是分布在拟合直线的两侧，因此画出的拟合直线只是一个近似。故在一元线性回归分析中提出一个概念，即决定系数（coefficient of determination，R^2），表示可根据自变量变异来解释因变量的变异部分，用来判断回归方程的拟合程度。

R^2 的取值范围为［0，1］，因此 R^2 越接近1，表示相关的方程式参考价值越高，该直线的影响程度越高；反之，R^2 越接近0，表示相关的方程式参考价值越低，该直线的影响程度越低。

因此，R^2 的表达式为

$$R^2=\frac{SSR}{SST}=1-\frac{SSE}{SST} \tag{3.16}$$

式中：SST 为总偏差平方和，即每个因变量的实际值与因变量平均值的差的平方和，反映了因变量取值的总体波动情况；SSR 为回归平方和，即因变量的回归值与其均值的差的平方和，反映了 y 的总偏差中 x 与 y 之间的线性关系引起的 y 的变化部分；SSE 为残差平方和，$SST=SSR+SSE$，SSE 越小，表示拟合度越高，回归直线保留的应变量信息越多。

3.1.2.5 农作物减产率计算方法

我国有近42%的国土面积是干旱半干旱区，旱地面积占耕地面积的60%以上。干旱半干旱区从内蒙古自治区开始绵延至新疆维吾尔自治区，跨越内蒙古自治区、河北省、新疆维吾尔自治区、甘肃省、宁夏回族自治区等省（自治区），其中内蒙古是面积最大的干旱半干旱区之一，并且在旱地农业生产中具有很高的代表性。近50年来，内蒙古温度明显升高，降水量明显减少，气候干燥。有研究表明，气候变化使得我国干旱半干旱区的水资源问题更加突出，农作物生长范围扩大，作物的产量和质量下降，人为灌溉补水是保证春小麦高产的重要措施。

农业技术转移决策支持系统（decision support system for agrotechnology transfer，DSSAT）可以对作物生长和发育过程进行逐日模拟，可以响应包括作物遗传特性、管理措施、环境、氮素和水分胁迫、病虫害在内的多种因素。CERES－Wheat 模型是 DSSAT 中专门用于模拟小麦生长发育的模型，在国际上已得到广泛应用。CERES－Wheat 模型以天为时间步长模拟小麦生长发育、氮碳水平衡过程、产量形成等，输入数据包括气象数据、土壤数据、作物品种参数以及田间管理信息。

CERES－Wheat 模型参数校准与验证的过程为：利用 DSSAT 中的 GLUE 参数校准工具包，以作物生育期和产量为校准指标，对作物 7 个品种参数进行校准。P1V、P1D、P5、G1、G2、G3、PHINT 是 CERES－Wheat 模型中 7 个重要的遗传参数，其中 P1V 反映小麦的春化作用特性，P1D 反映小麦的光周期特性，P5 反映小麦灌浆期特性，G1 反映小麦群体状况（即单位面积籽粒数），G2 反映小麦粒重特性，G3 反映小麦的重粒数特性，PHINT 反映小麦群体发育特性。前 3 个参数与小麦的发育性状有关，后 4 个参数与小麦的产量性状有关。CERES－Wheat 模型品种参数见表 3.1。

表 3.1　CERES－Wheat 模型品种参数

参数	单位	参数描述	最小值	最大值
P1V	d	最适温度条件下春化阶段所需天数	19.25	57.75
P1D	%	光周期参数	29.2	87.6
P5	℃·d	籽粒灌浆期积温	225	675
G1	粒/g	开花期单位株冠质量的籽粒数	13.7	41.25
G2	mg	最佳条件下标准籽粒质量	18.2	54.6
G3	g	成熟期非胁迫下单株茎穗标准干质量	0.695	2.085
PHINT	℃·d	完成一片叶生长所需积温	38.5	115.5

本书为了分析不同灌溉量对内蒙古春小麦产量的影响，选取校准和验证后的 CERES－Wheat 作物生长模型，模拟不同亏缺灌溉方案下 1961—2019 年的内蒙古春小麦生长过程。利用作物模型可以逐日模拟正常和干旱年份下的作物叶面积指数、生物量等作物生长参数，可以模拟不同干旱条件下的作物产量。在干旱发生期间，可以根据实际的作物管理措施增加灌溉信息。利用正常年份的产量和干旱年份下的产量的差值构建旱灾造成的作物减产量评估方法。本小节以内蒙古自治区乌拉特前旗为例，详细阐述模拟所需数据、模拟过程及减产率计算方法。

（1）模拟所需数据。模拟所需数据主要包括气象数据、土壤数据和农业种植数据（表 3.2），其中播种日期设置为每年的 4 月 10 日，收获日期为每年的 8 月 2 日，施肥量为 120g/m^2。

表 3.2　模 拟 所 需 数 据

名　称	内　容	数据来源
气象数据	1961—2019 年气温、降水、风速、日照实数等日值气象要素	国家气象科学数据中心
土壤类型	土壤剖面分层属性数据，包括分层深度、各层土壤机械组成、有机碳含量等	联合国粮食及农业组织

续表

名　　称	内　　容	数据来源
中国农业气象站点农作物生长发育观测资料	记录农作物产量要素信息，包括亩产、穗粒数、穗粒重、株高等	中国气象数据网
农作物田间管理观测数据	农作物播种日期、收获时期、灌溉措施、施肥量	中国气象局调研数据

（2）模拟过程。在充分灌溉的基础进行降水亏缺控制，以构造出不同的水分亏缺情景（表3.3）。其中T1～T5的5种情景分别选取播种期、拔节期和灌浆期进行亏缺灌溉，其他日照、风速、温度和湿度条件均和充分灌溉情景下保持一致，探讨30～150mm总灌溉量对产量造成的影响。将以上情景条件分别输入到校准后的CERES－Wheat模型中模拟站点冬小麦的生长发育过程，分析不同年份不同灌溉情景条件下春小麦减产率的变化情况。

（3）减产率计算方法。减产率是表征作物受灾程度的重要指数，指单位面积实际产量相比当地生产力水平下平均产量的减少量占当地平均产量的比率，以百分率（%）表示。本书分析不同时期水分亏缺条件下的产量和未发生水分亏缺条件下的产量对比来描述作物产量对不同时期水分亏缺的敏感性，不同时期水分亏缺对冬小麦产量造成的减产率的计算公式为

$$YL=\frac{Y_{si}-Y_r}{Y_r} \tag{3.17}$$

式中：YL 为减产率；Y_{si} 产为第 T_i 种灌溉方案下的产量（即T1、T2、T3、T4和T5灌溉情景下的产量），kg/hm^2；Y_r 为理想情况下的参考产量（即自动灌溉情景下的产量），kg/hm^2。

参考产量由CERES－Wheat模型模拟理想灌溉条件下春小麦生长发育过程获得。

（4）灌溉抗旱减灾效益对比分析。以充足灌溉的产量为参考，计算各梯度水分亏缺灌溉条件下的春小麦减产率，分析不同程度亏缺灌溉对产量的影响。

梯度灌溉实验设计方案见表3.3。共设置了6个梯度灌溉，包含5种水分亏缺灌溉和1种水分充足灌溉。5种水分亏缺灌溉（T1、T2、T3、T4、T5）分别选择播种、返青和灌浆三个时期进行等额灌溉，以10mm为灌溉梯度等额增加，5种亏缺灌溉生育期灌溉量分别为30mm、60mm、90mm、120mm、150mm。水分充足灌溉实验编号为TAU，灌溉原则是当土壤含水率小于80%的时候进行。

表3.3　　梯度灌溉实验设计方案

梯度灌溉序号	各时段灌溉量/mm			生育期灌溉总量/mm
	播种期	返青期	灌浆期	
T1	10	10	10	30
T2	20	20	20	60
T3	30	30	30	90
T4	40	40	40	120
T5	50	50	50	150
TAU	自动灌溉（当土壤含水量小于80%时进行）			

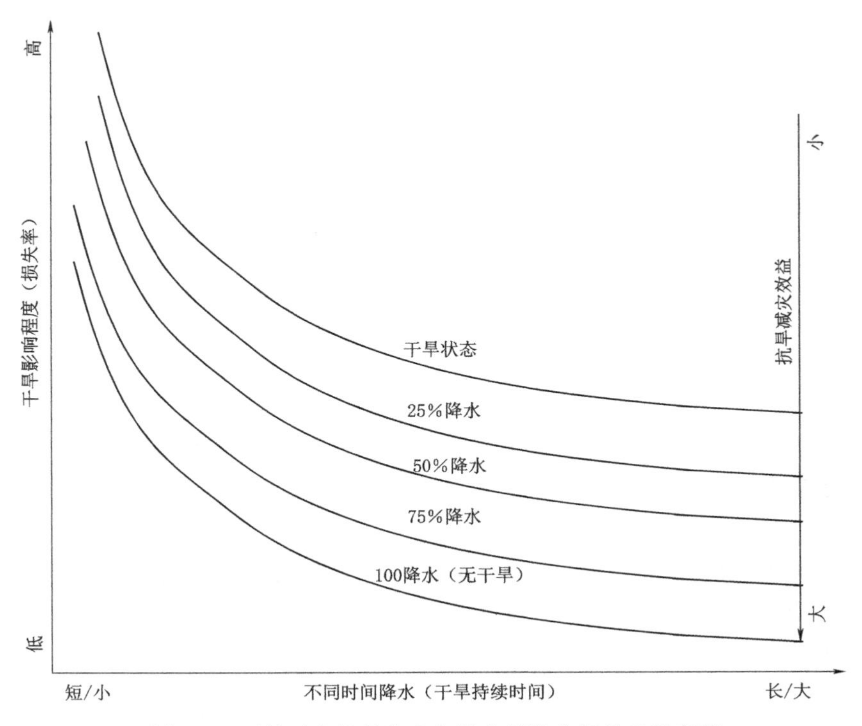

图 3.1　区域适宜抗旱能力与旱灾风险分析关系示意图

根据不同时间尺度降水条件下抗旱能力、减灾效益的关系曲线（图 3.1），在曲线上依次点绘不同时间尺度降水所对应的抗旱减灾效益，从而实现不同时间尺度降水的抗旱减灾效益分析结果在干旱灾害影响评估中得到应用，并确定区域适宜的抗旱能力。

为了进一步证明本书干旱影响评估方法的可行性和适用性，研究设计了降水控制模拟实验进行验证。在降水模拟实验中，研究设计 5%、10%、20%、30%、50%和 75%的降水量亏缺以表示不同程度的干旱，即以原来降水量的 95%、90%、80%、70%、50%和 25%，比较自然植被和农作物生物量或产量的变化，研究发现生物量或产量的变化随着干旱的加剧越来越严重，且呈指数变化关系，两者关系如图 3.2 所示。

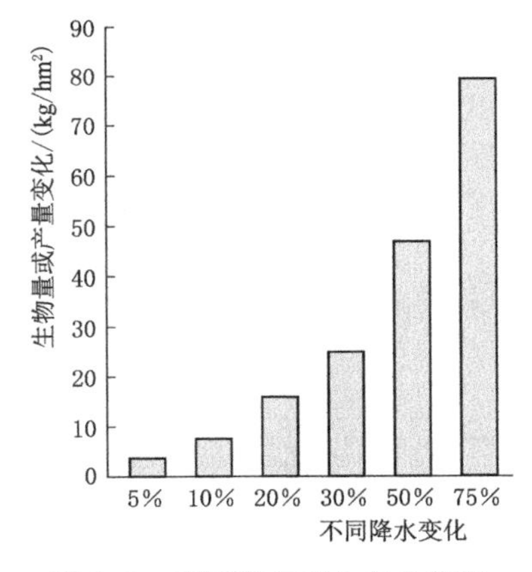

图 3.2　不同降水变化与生物量或产量的变化之间的关系

3.2　技术流程

基于风云、降水数据（CHIRPS）和土壤水分（ESA-CCI）、植被指数（MODIS）、地表温度（MODIS）等干旱监测产品时空分布特征及干旱影响范围，结合地表气象观测资料、DEM、土地利用覆盖数据、灾情报告信息及其他社会经济统计数据，提取内蒙古自治区实验区域的干旱强度、持续时间等数据，采用机器学习的方法完成旱情受灾人口、受灾耕地面积、受灾农作物减产率等损失量与干旱强度、持续时间的相关性分析，建立基于 Fisher 最优分割法改进的内蒙古自治区实验区域旱情损失量的评估模型，实现对内蒙古自治区实验区域旱情损失量的线性与非线性评估。建立基于混淆矩阵方法的精度评价模型，进一步提高旱情损失量评估模型的评估精度。具体过程如下：

（1）确定研究区域各个站点的干旱强度、持续时间等数据。基于多源遥感干旱监测产品时空分布特征及干旱影响范围，结合地表气象观测资料、土地利用分布、灾情报告信息及其他社会经济统计数据开展研究区各个站点的干旱强度、持续时间等数据提取工作，建立内蒙古自治区实验区域不同旱情等级的受灾人口、受灾耕地面积、受灾农作物减产率等损失量的评估体系。

（2）构建损失量评估模型。结合干旱强度、持续时间等干旱要素，建立基于 Fisher 最优分割法改进的旱情损失量的评估模型，实现内蒙古自治区实验区域不同旱情等级条件下的损失量线性与非线性评估。

（3）损失量评估模型精度结果验证。建立基于混淆矩阵方法的损失量评估模型的精度评价模型，实现不同旱情等级条件下的损失量线性评估与非线性评估精度评价。

研究技术路线图如图 3.3 所示。

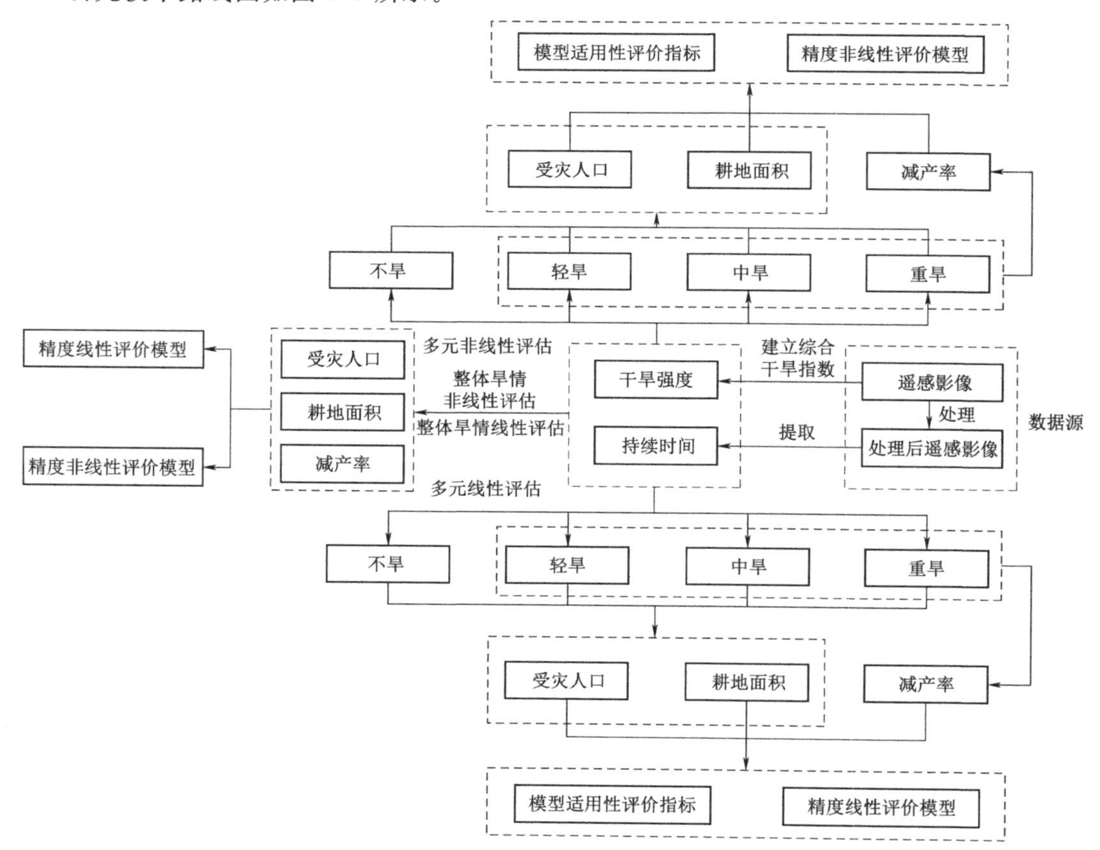

图 3.3　研究技术路线图

3.3 精度评价

内蒙古自治区旱情统计资料存在较多误差值，使得数组之间离散程度较大、相关性较弱，从而造成内蒙古旱情损失量评估精度较低。因此，采用 Fisher 最优分割法对旱情统计量进行分割操作，进一步减少数组之间的离散程度，提高内蒙古旱情损失量评估精度。以不同等级的干旱强度（CDI）为训练指标，分别对内蒙古受旱人口评估、内蒙古受灾耕地评估、减产率评估过程进行 Fisher 最优分割操作，分割结果如图 3.4 所示。

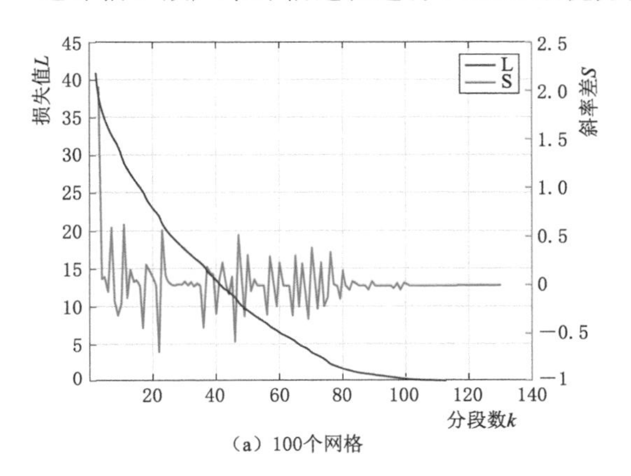

（a）100个网格

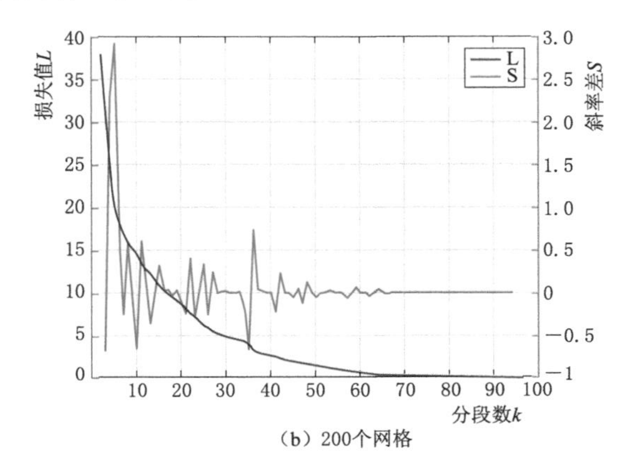

（b）200个网格

图 3.4 Fisher 最优分割法的分割结果

3.3.1 不同旱情等级损失量的线性评估结果精度评价

以内蒙古自治区为实验区域，采用 1990—2018 年旱情统计资料进行不同干旱等级受灾人口的线性评估结果精度评价。从表 3.4 可以看出，评估内蒙古自治区受灾人口分为线性评估与非线性评估，在不旱、轻旱、中旱、重旱条件下受灾人口线性评估精度分别为 89.77%、81.82%、82.26%、77.82%；非线性评估精度分别为 88.58%、83.39%、83.27%、76.87%。总体看出，在不旱条件下受灾人口线性评估精度比非线性评估精度高，且轻旱、中旱、重旱条件下受灾人口非线性评价精度比线性评价精度高。因此，本书认为在不旱条件下受灾人口评估应采用线性评估模型，在旱情期间受灾人口评估应采用非线性评估模型。

评估内蒙古自治区受灾耕地面积时，线性评估结果精度分别为 90.60%、88.05%、87.15%、91.33%，非线性评估结果精度整体较差，分别 79.87%、80.42%、72.75%、79.84%，故本书认为评估受灾耕地面积时，在任何旱情等级条件下都应采用线性评估模型。

评估内蒙古自治区受灾农作物减产率时，仅评估轻旱、中旱、重旱等条件下的农作物减产率情况，且重旱条件为重旱与特旱的累加结果。农作物减产率线性评估精度分别为 89.29%、81.91%、84.79%，非线性评估精度分别为 88.05%、89.98%、81.06%。总体看出，中旱条件下减产率评估需采用非线性评估模型，轻旱、重旱条件下减产率评估需要采用线性评估模型。

从表 3.4 可以看出，评估整体旱情的受灾人口、受灾耕地面积、受灾农作物减产率过程中，线性评估精度均优于非线性评估精度。受灾人口线性评估精度比非线性评估精度提高 1.19%，受灾耕地面积线性评估精度比非线性评估精度提高 10.69%，受灾农作物减产率线性评估精度比非线性评估精度提高 3.71%。

表 3.4 不同旱情等级条件下受灾人口、受灾耕地面积、受灾农作物减产率评估精度对比

旱情等级	评估项目	线性评估精度/%	非线性评估精度/%
不旱	受灾人口	89.77	88.58
	受灾耕地面积	90.60	79.87
	受灾农作物减产率	—	—
轻旱	受灾人口	81.82	83.39
	受灾耕地面积	88.05	80.42
	受灾农作物减产率	89.29	88.05
中旱	受灾人口	82.26	83.27
	受灾耕地面积	87.15	72.75
	受灾农作物减产率	81.91	89.98
重旱	受灾人口	77.82	76.87
	受灾耕地面积	91.33	79.84
	受灾农作物减产率	84.79	81.06
整体	受灾人口	89.77	88.58
	受灾耕地面积	90.59	79.90
	受灾农作物减产率	92.45	88.74

采用 1990—2018 年旱情统计资料进行评估，不同干旱等级受灾人口线性评估结果精度见表 3.5。

表 3.5 不同干旱等级受灾人口线性评估结果精度

样本编号	评估结果	实际结果	误差率/%	平均误差率/%	精度/%
1 号	14.47	13.4	8.01	10.23	89.77
2 号	21.19	21.85	3.00		
3 号	15.58	13.75	13.33		
4 号	15.29	15.66	2.36		
5 号	14.80	13.1	13.00		
6 号	18.55	21.9	15.31		
7 号	12.88	14.51	11.26		
8 号	16.40	16.34	0.37		
9 号	10.98	10.25	7.16		
10 号	15.80	12.3	28.47		

不同干旱等级受灾耕地面积线性评估结果精度见表 3.6。

表 3.6　不同干旱等级受灾耕地面积线性评估结果精度

样本编号	评估结果	实际结果	误差率/%	平均误差率/%	精度/%
1 号	0.779	0.765	1.84	9.41	90.59
2 号	0.87317	0.93936	7.05		
3 号	0.74407	0.61854	20.30		
4 号	0.75520	0.712965	5.92		
5 号	0.93072	0.85581	8.75		
6 号	0.801022	0.776115	3.21		
7 号	0.64322	0.74625	13.81		
8 号	0.68258	0.74115	7.90		
9 号	0.71536	0.83004	13.82		
10 号	0.85423	0.96507	11.48		

不同干旱等级受灾农作物减产率线性评估结果精度见表 3.7。

表 3.7　不同干旱等级受灾农作物减产率线性评估结果精度

样本编号	评估结果	实际结果	误差率/%	平均误差率/%	精度/%
1 号	35.93	34.84	3.13	7.55	92.45
2 号	37.32	39.59	5.75		
3 号	10.78	11.22	3.88		
4 号	11.84	13.81	14.29		
5 号	28.79	29.67	2.95		
6 号	38.17	32.17	18.64		
7 号	19.84	20.38	2.63		
8 号	12.94	10.95	18.15		
9 号	37.10	37.01	0.23		
10 号	37.17	39.49	5.86		

3.3.2　不同干旱等级损失量非线性评估结果精度评价

不同干旱等级受灾人口非线性评估结果精度见表 3.8。

表 3.8　不同干旱等级受灾人口非线性评估结果精度

样本编号	评估结果	实际结果	误差率/%	平均误差率/%	精度/%
1 号	14.36	13.4	7.15		
2 号	20.62	21.85	5.64		
3 号	16.05	13.75	16.75		
4 号	16.08	15.66	2.69		
5 号	14.42	13.1	10.11		

续表

样本编号	评估结果	实际结果	误差率/%	平均误差率/%	精度/%
6 号	19.23	21.9	12.21	11.42	88.58
7 号	12.23	14.51	15.74		
8 号	17.30	16.34	5.86		
9 号	9.54	10.25	6.91		
10 号	16.13	12.3	31.14		

不同干旱等级受灾耕地面积非线性评估结果精度见表 3.9。

表 3.9　不同干旱等级受灾耕地面积非线性评估结果精度

样本编号	评估结果	实际结果	误差率/%	平均误差率/%	精度/%
1 号	0.752	0.765	1.68	20.10	79.90
2 号	1.06622	0.93936	13.50		
3 号	0.54287	0.61854	12.23		
4 号	1.089202	0.712965	52.77		
5 号	0.92758	0.85581	8.39		
6 号	0.475904	0.776115	38.68		
7 号	0.85125	0.74625	14.07		
8 号	0.95346	0.74115	28.65		
9 号	0.96256	0.83004	15.97		
10 号	1.11000	0.96507	15.02		

不同干旱等级受灾农作物减产率非线性评估结果精度见表 3.10。

表 3.10　不同干旱等级受灾农作物减产率非线性评估结果精度

样本编号	评估结果	实际结果	误差率/%	平均误差率/%	精度/%
1 号	39.24	34.84	12.62	11.26	88.74
2 号	41.49	39.59	4.79		
3 号	15.29	11.22	36.30		
4 号	15.80	13.81	14.41		
5 号	28.95	29.67	2.43		
6 号	38.91	32.17	20.96		
7 号	22.14	20.38	8.66		
8 号	11.72	10.95	7.004		
9 号	37.84	37.01	2.25		
10 号	24.61	39.49	3.21		

综上所述，研究基于改进的内蒙古自治区旱情损失量的评估模型，采用 Fisher 最优分割法对内蒙古旱情统计量进行分割处理，从而减少内蒙古旱情统计量因离散程度较大、

相关性较弱而对内蒙古旱情量评估产生的误差。改进前后内蒙古地区旱情损失量的评估模型对比如图 3.5～图 3.7 所示。

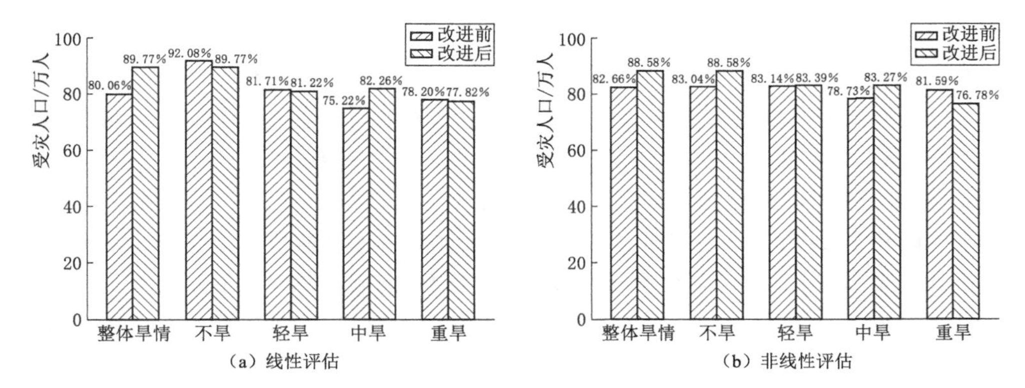

图 3.5　改进前后内蒙古地区受灾人口线性评估与非线性评估模型精度对比

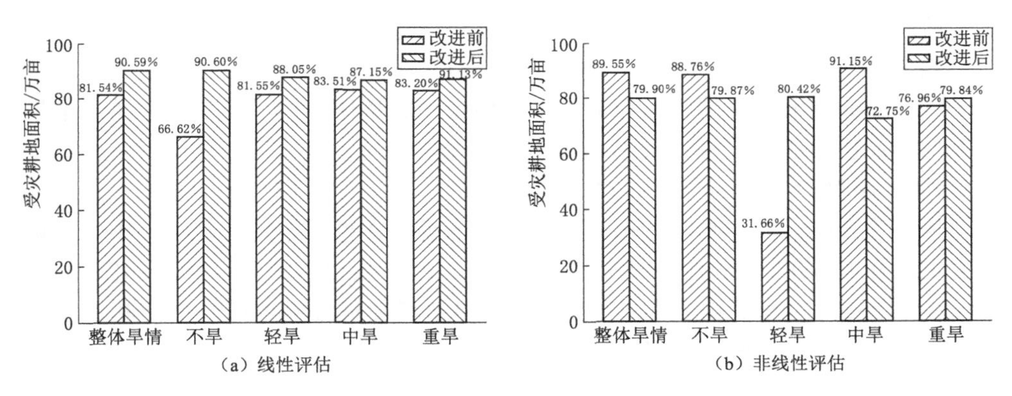

图 3.6　改进前后内蒙古地区受旱耕地面积线性评估与非线性评估模型精度对比

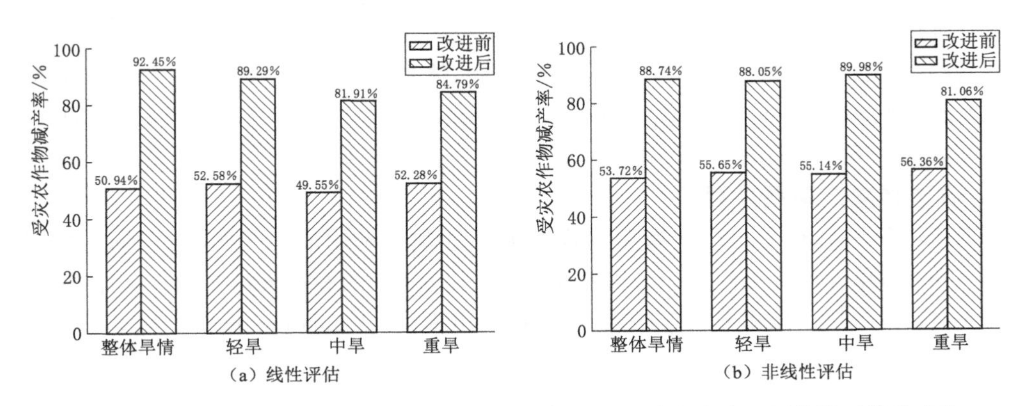

图 3.7　改进前后内蒙古地区受旱农作物减产率线性评估与非线性评估模型精度对比

当评估内蒙古受灾人口时，改进前的模型在整体旱情、不旱、轻旱、中旱、重旱条件下的受灾人口线性评估精度分别为 80.06％、92.08％、81.71％、75.22％、78.20％，整体精度为81.454%；采用基于改进后的内蒙古旱情损失量线性评估模型在整体旱情、不旱、轻旱、中旱、重旱条件下的受灾人口线性评估精度分别为89.77%、89.77%、81.22%、82.26%、77.82%，整体精度为84.168%，提高了3.33%。

改进前的模型在整体旱情、不旱、轻旱、中旱、重旱条件下的受灾人口非线性评估精度分别为82.66%、83.04%、83.14%、78.73%、81.59%，整体精度为81.832%；采用基于改进后的内蒙古旱情损失量非线性评估模型在整体旱情、不旱、轻旱、中旱、重旱条件下的受灾人口非线性评估精度分别为88.58%、88.58%、83.39%、83.27%、76.78%，整体精度为84.12%，提高了2.80%。

当评估内蒙古受灾耕地面积时，改进前的模型在整体旱情、不旱、轻旱、中旱、重旱条件下的受灾耕地面积线性评估精度分别为81.54%、66.62%、81.55%、83.51%、83.20%，整体精度为79.284%；采用基于改进后的内蒙古旱情损失量线性评估模型在整体旱情、不旱、轻旱、中旱、重旱条件下的受灾耕地面积评估精度分别为90.59%、90.60%、88.05%、87.15%、91.13%，整体精度为89.504%，提高了12.89%。

改进前的模型在整体旱情、不旱、轻旱、中旱、重旱条件下的受灾耕地面积非线性评估精度分别为89.55%、88.76%、31.66%、91.15%、76.96%，整体精度为75.616%；采用基于改进后的内蒙古旱情损失量非线性评估模型在整体旱情、不旱、轻旱、中旱、重旱条件下的受灾耕地面积非线性评估精度分别为79.90%、79.87%、80.42%、72.75%、79.84%，整体精度为78.556%，提高了3.89%。

当评估内蒙古受灾农作物减产率时，改进前的模型在整体旱情、轻旱、中旱、重旱条件下的受灾农作物减产率线性评估精度分别为50.94%、52.58%、49.55%、52.28%，整体精度为51.34%；采用基于改进后的内蒙古旱情损失量线性评估模型在整体旱情、不旱、轻旱、中旱、重旱条件下的受灾农作物减产率线性评估精度分别为92.45%、89.29%、81.91%、84.79%，整体精度为87.11%，提高了69.67%。

改进前的模型在整体旱情、不旱、轻旱、中旱、重旱条件下的受灾农作物减产率非线性评估精度分别为53.72%、55.65%、55.14%、56.36%，整体精度为55.22%；采用基于改进后的内蒙古旱情损失量非线性评估模型在整体旱情、不旱、轻旱、中旱、重旱条件下的受灾农作物减产率非线性评估精度分别为88.74%、88.05%、89.98%、81.06%，整体精度为86.96%，提高了57.48%。

3.3.3　农作物减产率精度评价

CERES－Wheat模型进行区域产量模拟能力评估，选用的农气站点产量数据分别为内蒙古N051站点、N42站点、045站点和2010—2012年的春小麦产量数据，本小节用了相关系数（R^2）、归一化相对均方根误差（normalized root mean square error，NRMSE）、一致性指数（d）来评价校准后的CERES－Wheat模型的区域模拟能力。当NRMSE小于10%时，认为模拟效果非常好；当NRMSE为10%～20%时，认为模拟效果良好；当NRMSE为20%～30%时，认为模拟效果不差。一致性指数d越接近1，表示模拟值和观测值之间一致性越好；越接近0，表明模拟值和观测值之间一致性越差CERES－Wheat模型品种参数的校准结果见表3.11。

表 3.11　　CERES－Wheat 模型品种参数的校准结果

参数	单位	参 数 描 述	区域校准值
P1D	%	光周期参数	7.244
P5	℃·d	籽粒灌浆期积温	593.7
G1	粒/g	开花期单位株冠质量的籽粒数	21.57
G2	mg	最佳条件下标准籽粒质量	39.04
G3	g	成熟期非胁迫下单株茎穗标准干质量	1.969
PHINT	℃·d	完成一片叶生长所需积温	96.95

图 3.8 所示的作物产量、模型模拟值和观测值的对比结果显示：模拟产量与观测产量相关系数 R^2 为 0.72，通过了 0.01 水平的显著性检验，一致性指数（d）为 0.8，并且验证结果通过了 0.01 显著性水平的检验。验证结果表明，该模型对华北平原冬小麦生产的模拟与实际相符合，具有较好的区域模拟能力。站点校准后的一致性系数（d）为 0.8，NRMSE 为 11.2%，模拟产量与观测产量相关系数 R^2 为 0.72，因此，该模型可以用于该区域的模拟。

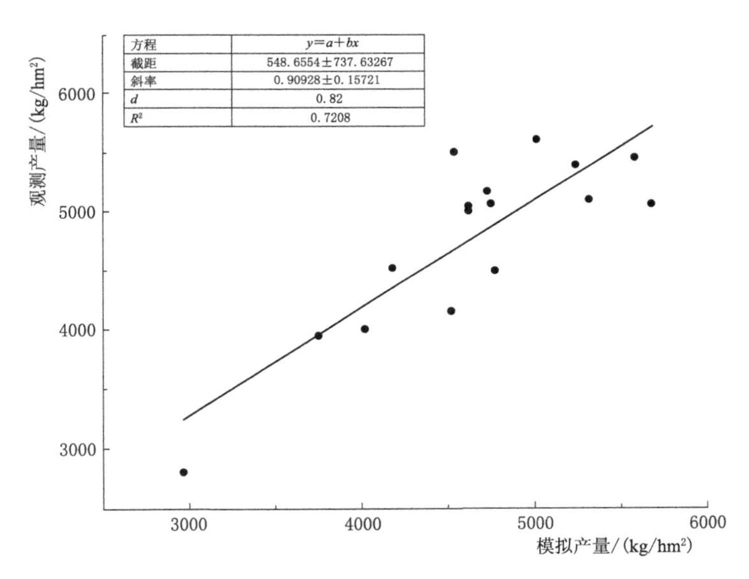

图 3.8　模拟产量与观测产量的关系

利用归一化相对均方根误差（NRMSE）、一致性系数（d）对模型参数校准精度进行评价，计算公式为

$$RMSE=\sqrt{\frac{1}{n}\sum_{i=1}^{n}(C_{si}-C_{oi})^2} \tag{3.18}$$

式中：$RMSE$ 为均方根误差；n 为样本量；C_{si} 为真实值；C_{oi} 为预测值。

$$NRMSE=\frac{RMSE}{C_o} \tag{3.19}$$

式中：$RMSE$ 为均方根误差；C_o 为真实值的均值。

$$d=1-\frac{\sum_{i=1}^{n}(C_{si}-C_{oi})^2}{\sum_{i=1}^{n}(|C_{si}-C_o|+|C_{oi}-C_o|)^2} \tag{3.20}$$

式中：d 为一致性系数；n 为样本量；C_{si} 为真实值；C_{oi} 为预测值；C_o 为预测值的均值。

$$C_o=(1/n)\sum_{i=1}^{n}C_{oi} \tag{3.21}$$

式中：C_o 为预测值的均值；n 为样本量；C_{oi} 为预测值。

第4章　应 用 案 例

4.1　内蒙古干旱监测评估案例

4.1.1　研究区概况

内蒙古自治区地处我国北部，东北部与黑龙江、吉林、辽宁、河北交界，南部与山西、陕西、宁夏相邻，西南部与甘肃毗连，北部与俄罗斯、蒙古接壤，属于中国四大地理分区的西北地区。内蒙古自治区地势由东北向西南斜伸，呈狭长形，平均海拔高度为1000m左右，全区基本属高原型地貌区，涵盖高原、山地、丘陵、平原、沙漠、河流、湖泊等地貌。内蒙古自治区气候以温带大陆性季风气候为主，降水量少而不匀，风大，寒暑变化剧烈。大兴安岭北段地区属于寒温带大陆性季风气候，巴彦浩特-海勃湾-巴彦高勒以西地区属于温带大陆性气候。

2018年春（3—5月），内蒙古气温明显偏高，已成为1961年以来气温最高的春天。内蒙古气象局发布报告，2018年6月，由于气温高、有效降水少、降水分布不均等原因，气象干旱持续发展。其中，部分地区均存在中度、重度干旱，局部地区已形成特大旱情。时值牧草和农作物生长的关键时期，内蒙古2018年干旱状况对该区域农业、牧业造成了巨大影响，全区草场、牲畜等受灾较为严重。

4.1.2　监测结果

针对2018年内蒙古干旱开展全过程监测及影响评估，空间范围为内蒙古大部分区域及其周边区域，时间范围为2018年3—8月，监测指标为CDI。根据内蒙古CDI逐月干旱等级图，追踪内蒙古2018年干旱事件。2018年3—4月旱情较轻，5—7月巴彦淖尔市-包头市-乌兰察布市-锡林郭勒盟一线受旱情影响较为严重，其中6月全区大部气温高、降水少，锡林郭勒盟、赤峰市、通辽市、呼伦贝尔市均存在中度以上干旱，局部地区发生特旱。8月，经过降水天气之后，旱情得到一定程度的缓解。

4.1.3　评估结果

以内蒙古为研究区域，选取2001—2007年、2015—2018年等11年的遥感数据为例，通过对遥感数据进行处理，获取受灾人口、受灾耕地面积、受灾农作物减产率、干旱强度、不同干旱等级的干旱强度、干旱持续时间、受灾农作物减产率等数据，从而进一步评估内蒙古干旱对受灾人口、受灾耕地、受灾农作物减产率的影响。其中，根据内蒙古各个站点的干旱强度值将干旱进行等级划分，划分依据见表4.1。

根据该站点周围栅格的干旱强度，利用11年的遥感数据提取内蒙古12个站点的年均干旱强度。提取干旱强度的标准有两种：①以该站点周围栅格的干旱强度值的平均值作为该站点的年均干旱强度值；②以该点站周围栅格的干旱强度值的最小值作为该站点的年均干旱强度值。

表 4.1　内蒙古干旱等级划分依据

不旱	$CDI>-0.5$
轻旱	$-0.5\leqslant CDI<-1$
中旱	$-1\leqslant CDI<-1.5$
重旱	$-1.5\leqslant CDI<-2$
特旱	$CDI\leqslant -2$

4.1.3.1　不同干旱等级条件下的损失量线性评估结果

完成不同干旱等级条件下受灾人口、受灾耕地面积、受灾农作物减产率等损失量的相关性分析，获取不同干旱等级条件下受灾人口的评估结果。为了进一步评估干旱强度、持续时间对受灾人口、受灾耕地面积、受灾农作物减产率的影响，本书在不同干旱等级条件下评估干旱强度和持续时间对受灾人口、受灾耕地面积、受灾农作物减产率的影响。

不同干旱等级条件下的受灾人口线性评估结果如图 4.1 所示。

在评估干旱全过程的受灾人口时，将轻旱、中旱、重旱、特旱等干旱等级条件下所有干旱持续时间累加，作为整体干旱条件下的干旱持续时间。同时采用 Fisher 最优分割法对统计的数组进行最优分割处理，最优分类数量为 3，因此分别对 3 组统计数据进行受灾人口线性评估分析。通过图 4.1 可以看出，受灾人口与干旱强度、持续时间存在较好的线性响应关系。干旱强度越小、干旱持续时间越长，受灾人口数量越多；反之，干旱强度越大、干旱持续时间越短，受灾人口数量越少。

不同干旱等级条件下的受灾人口数量与干旱强度、持续时间呈现的线性关系为

$$z=12.87911+0.04277x+2.46351y \tag{4.1}$$

$$z=0.87172+0.03336x+1.99629y \tag{4.2}$$

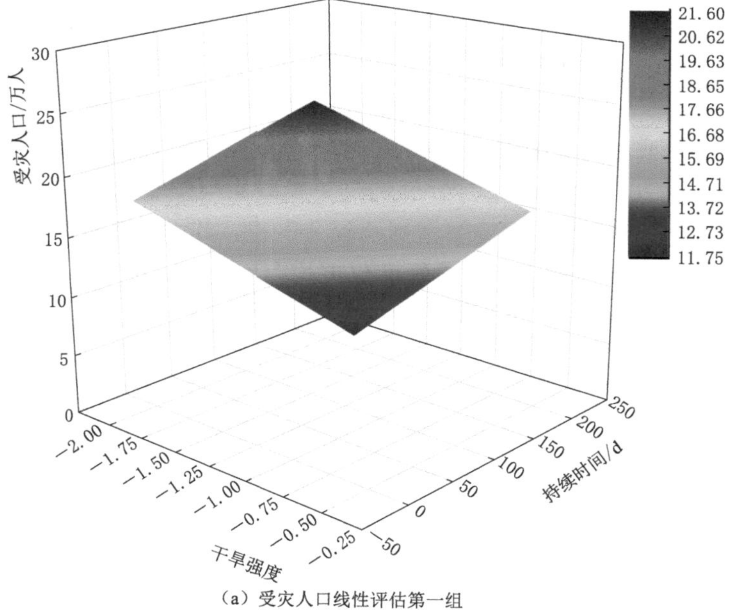

(a) 受灾人口线性评估第一组

图 4.1（一）　不同干旱等级条件下的受灾人口线性评估结果

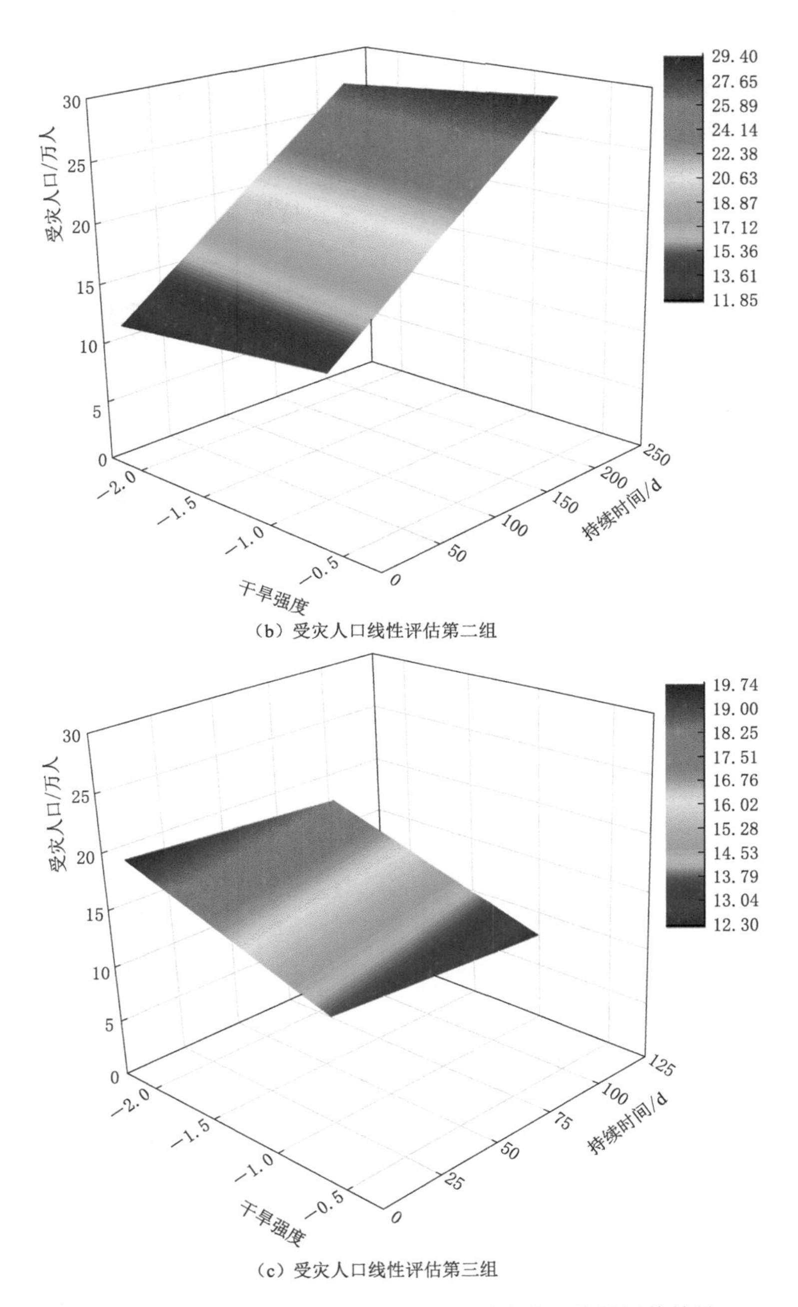

（b）受灾人口线性评估第二组

（c）受灾人口线性评估第三组

图 4.1（二） 不同干旱等级条件下的受灾人口线性评估结果

$$z=0.19539+0.000237075x-0.03137y \tag{4.3}$$

式中：x 为内蒙古各个站点整体的干旱强度值；y 为整体干旱条件下的持续时间，d。

不同干旱等级条件下的受灾耕地面积线性评估结果如图 4.2 所示。

在评估不同干旱等级条件下的受灾耕地面积时，将轻旱、中旱、重旱、特旱等干旱等级条件下所有干旱持续时间累加，作为整体干旱条件下的干旱持续时间。同时采用 Fisher

最优分割法对统计的数组进行最优分割处理，最优分类数量为 3，因此分别对 3 组统计数据进行受灾耕地线性评估分析。通过图 4.2 可以看出，受灾耕地面积与干旱强度、持续时间存在较好的线性响应关系。干旱强度越小、干旱持续时间越长，受灾耕地面积越大；反之，干旱强度越大、干旱持续时间越短，受灾耕地面积越小。

不同干旱等级条件下受灾耕地面积与干旱强度、持续时间呈现的线性关系为

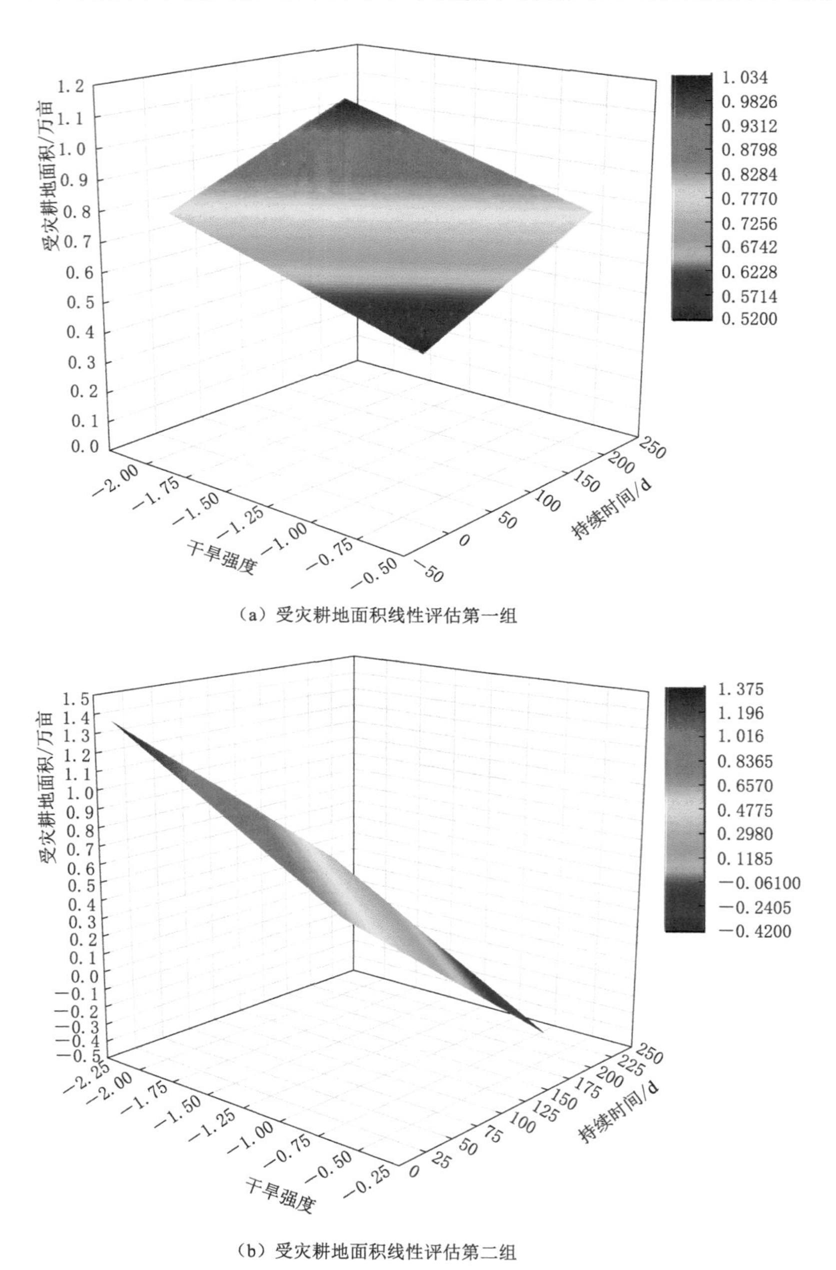

（a）受灾耕地面积线性评估第一组

（b）受灾耕地面积线性评估第二组

图 4.2（一）　不同干旱等级条件下的受灾耕地面积线性评估结果

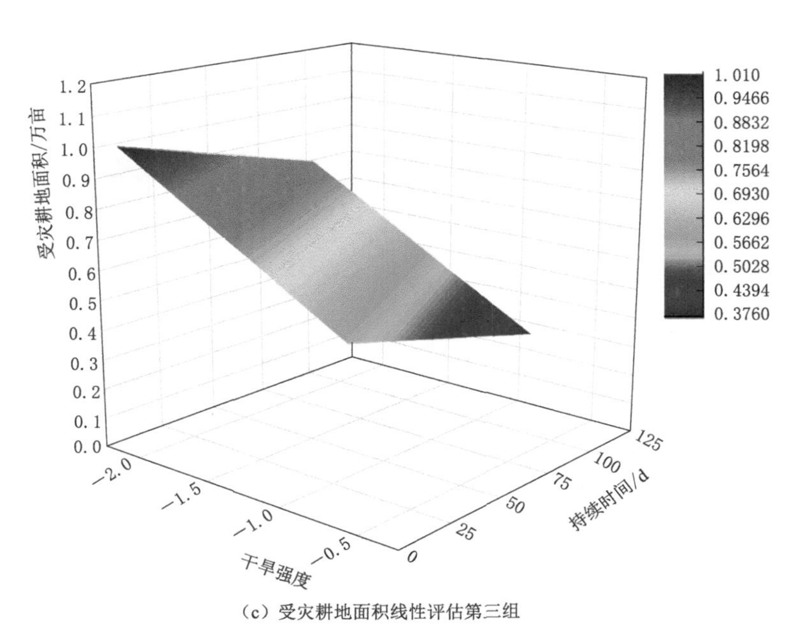

(c) 受灾耕地面积线性评估第三组

图 4.2(二) 不同干旱等级条件下的受灾耕地面积线性评估结果

$$z=0.66208-0.00153x-0.26173y \quad (4.4)$$

$$z=0.30029-0.000795356x+0.04595y \quad (4.5)$$

$$z=0.3254-0.000733522x+0.17113y \quad (4.6)$$

式中:x 为内蒙古各个站点整体的干旱强度值;y 为整体干旱条件下的持续时间,d。

不同干旱等级条件下的农作物减产率线性评估结果如图 4.3 所示。

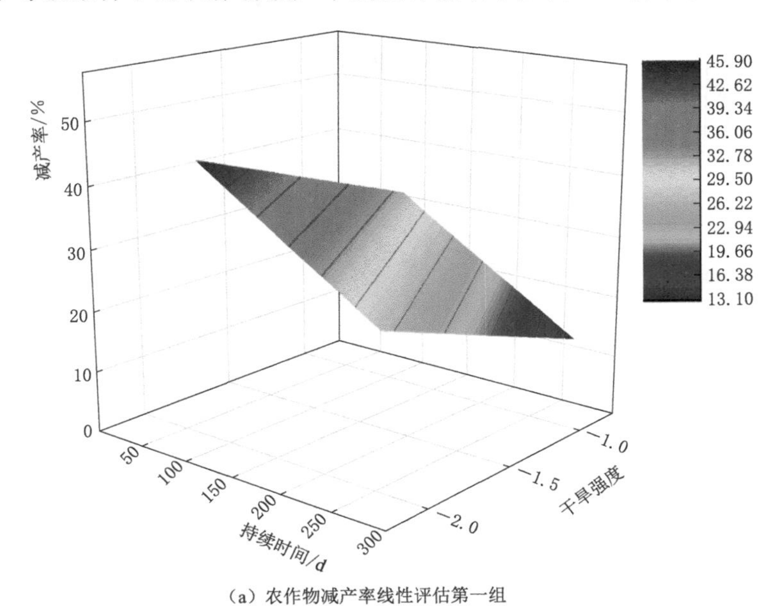

(a) 农作物减产率线性评估第一组

图 4.3(一) 不同干旱等级条件下的农作物减产率线性评估结果

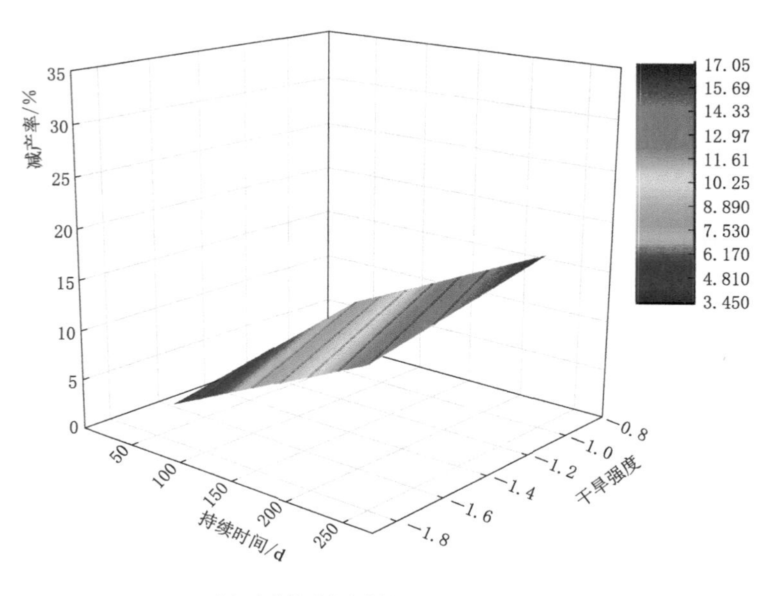

（b）农作物减产率线性评估第二组

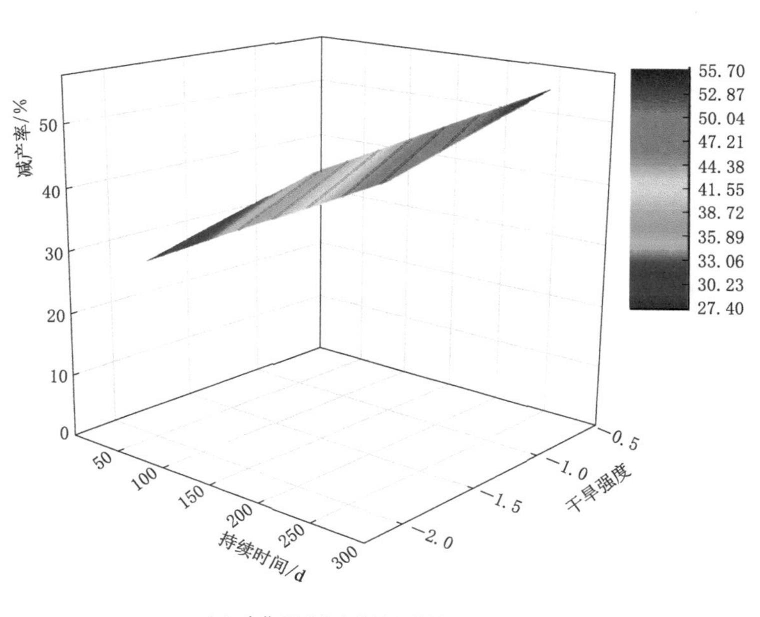

（c）农作物减产率线性评估第三组

图 4.3（二）　不同干旱等级条件下的农作物减产率线性评估结果

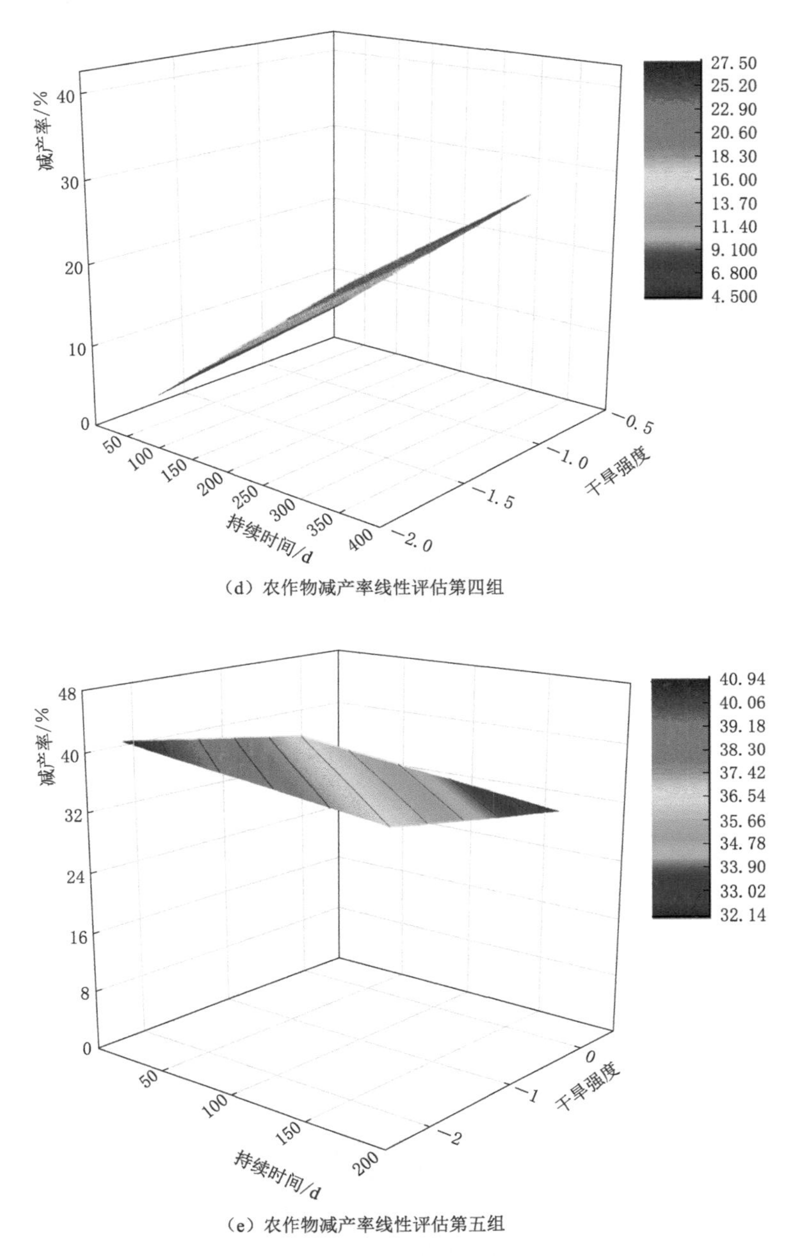

(d) 农作物减产率线性评估第四组

(e) 农作物减产率线性评估第五组

图 4.3（三） 不同干旱等级条件下的农作物减产率线性评估结果

在评估不同干旱等级条件下的农作物减产率时，将轻旱、中旱、重旱、特旱等干旱等级条件下所有干旱持续时间累加，作为整体干旱条件下的干旱持续时间，减产率即为所有干旱等级中的最大值。同时采用 Fisher 最优分割法对统计的数组进行最优分割处理，最优分类数量为 5，因此分别对 5 组统计数据进行减产率线性评估分析。通过图 4.3 可以看出，农作物减产率与干旱强度、持续时间存在较好的线性响应关系。干旱强度越小、干旱持续时间越长，农作物减产率加剧；反之，干旱强度越大、干旱持续时间越短，农作物减产率缓解。

不同干旱等级条件下农作物减产率与干旱强度、持续时间呈现的线性关系为

$$z=32.35172-0.10452x-11.03181y \tag{4.7}$$

$$z=8.88648+0.05272x+4.97133y \tag{4.8}$$

$$z=37.8083+0.08443x+6.78652y \tag{4.9}$$

$$z=5.44599+0.07238x+3.00184y \tag{4.10}$$

$$z=36.47361-0.0244x-2.09279y \tag{4.11}$$

式中：x 为内蒙古各个站点整体的干旱强度值；y 为整体干旱条件下的持续时间，d。

4.1.3.2　不同干旱等级条件下损失量的非线性评估结果

不同干旱等级条件下的受灾人口非线性评估结果如图 4.4 所示。

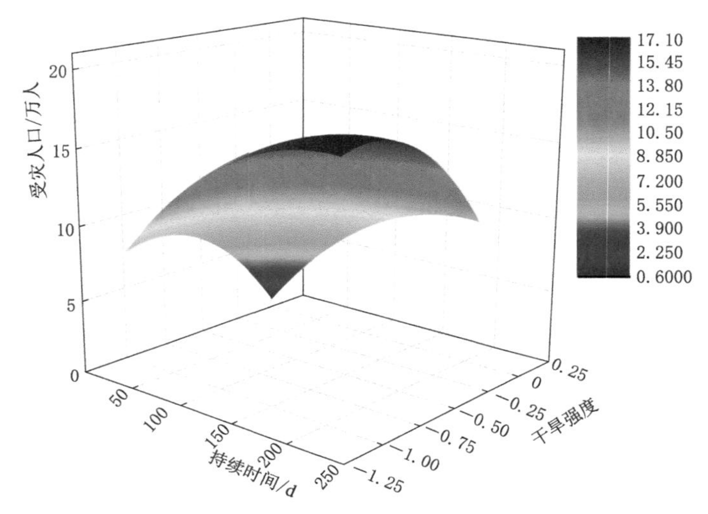

(a) 受灾人口非线性评估第一组

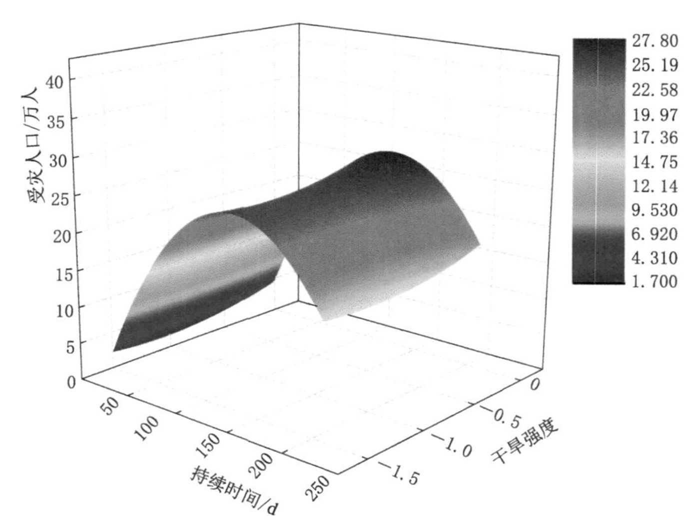

(b) 受灾人口非线性评估第二组

图 4.4（一）　不同干旱等级条件下的受灾人口非线性评估结果

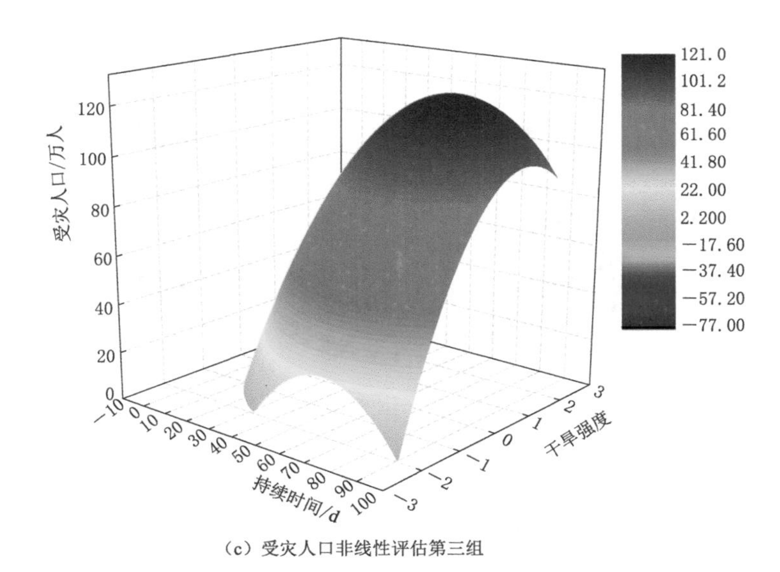

(c) 受灾人口非线性评估第三组

图 4.4（二） 不同干旱等级条件下的受灾人口非线性评估结果

不同干旱等级条件下的受灾人口数量与干旱强度、持续时间呈现的非线性关系为

$$z=5.93054+0.08854x-3.2451y-0.00013607x^2-1.99852y^2 \tag{4.12}$$

$$z=3.46377+0.00433x+8.3815y+0.000336347x^2+2.85086y^2 \tag{4.13}$$

$$z=0.12943+0.01536x-0.01302y-0.0000582311x^2-0.5764y^2 \tag{4.14}$$

式中：x 为内蒙古各个站点整体的干旱强度值；y 为整体干旱条件下的持续时间，d。

不同干旱等级条件下的受灾耕地面积非线性评估结果如图 4.5 所示。

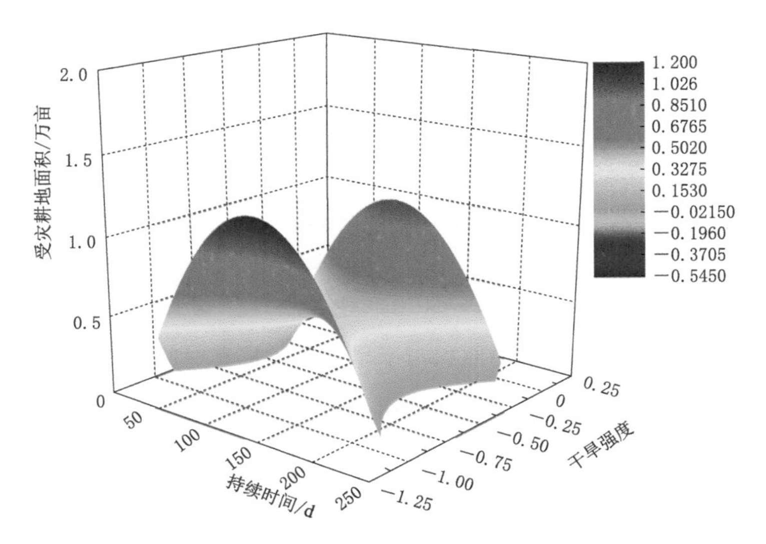

(a) 受灾耕地面积非线性评估第一组

图 4.5（一） 不同干旱等级条件下的受灾耕地面积非线性评估结果

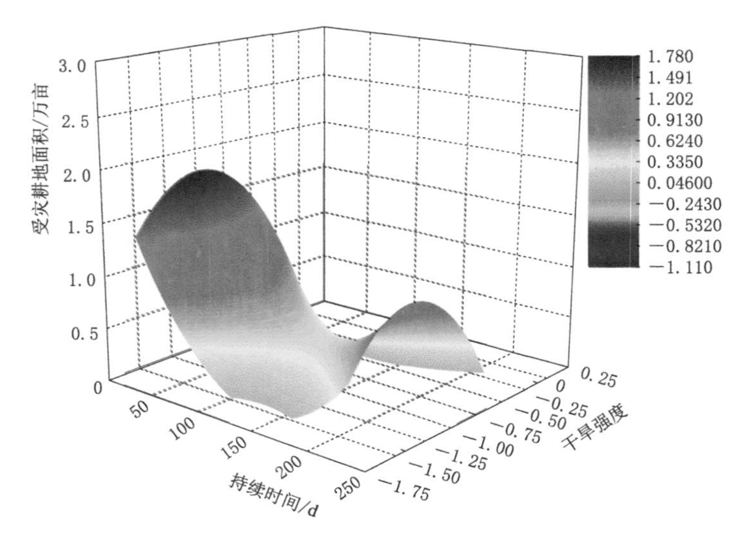

（b）受灾耕地面积非线性评估第二组

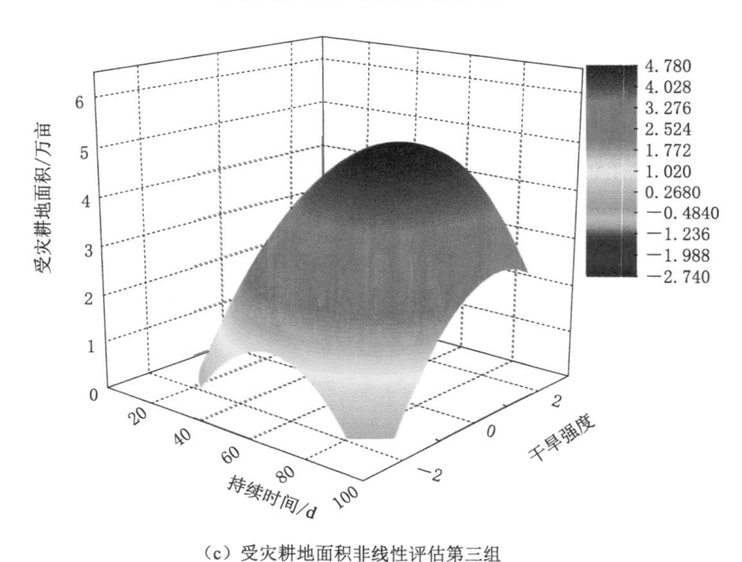

（c）受灾耕地面积非线性评估第三组

图 4.5（二） 不同干旱等级条件下的受灾耕地面积非线性评估结果

不同干旱等级条件下的受灾耕地面积与干旱强度、持续时间呈现的非线性关系为

$$z=-2.7559+0.01046x-4.30476y-0.0000364824x^2-1.46438y^2 \tag{4.15}$$

$$z=0.63472-0.00269x+0.93476y+0.0000298377x^2+0.38712y^2 \tag{4.16}$$

$$z=0.343-0.00562x+0.08571y+0.0000199551x^2+0.07087y^2 \tag{4.17}$$

式中：x 为内蒙古各个站点整体的干旱强度值；y 为整体干旱条件下的持续时间，d。

不同干旱等级条件下的农作物减产率非线性评估结果如图 4.6 所示。

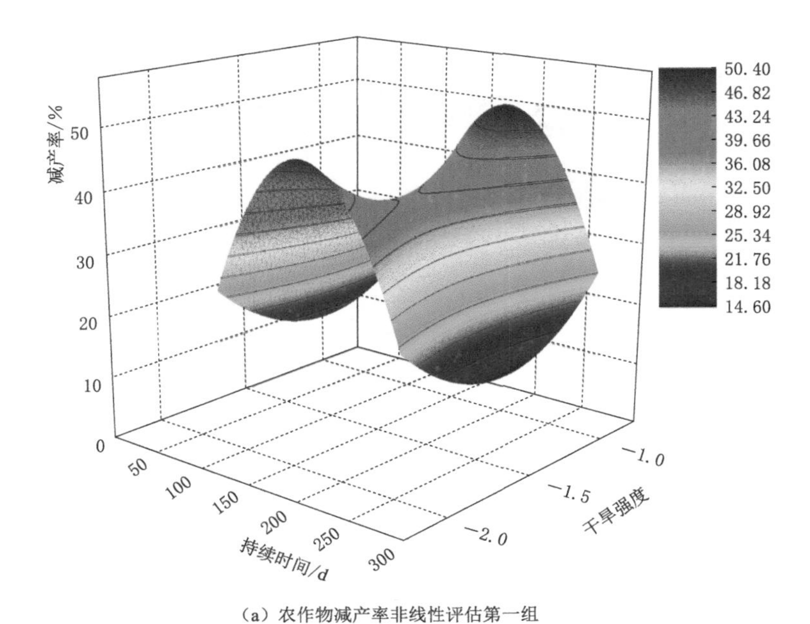

（a）农作物减产率非线性评估第一组

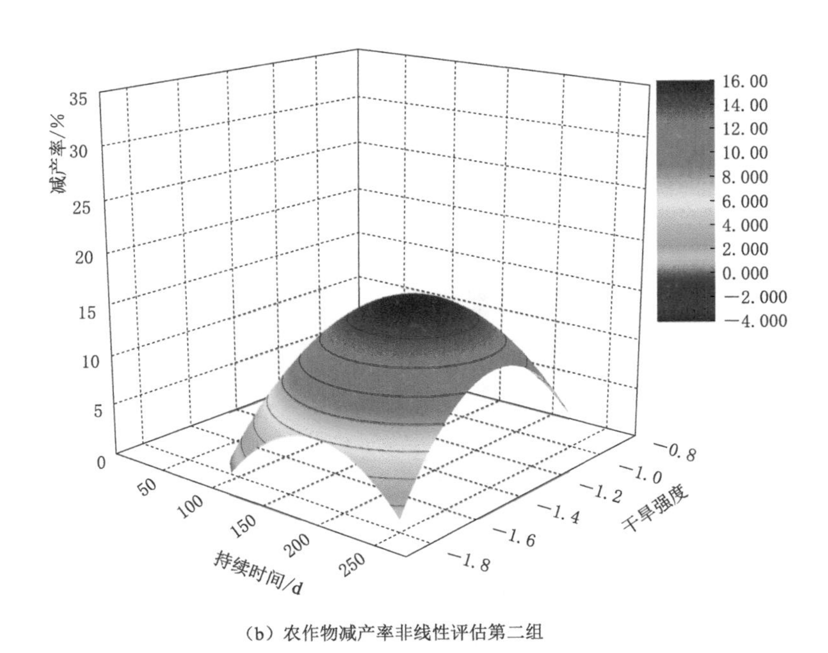

（b）农作物减产率非线性评估第二组

图 4.6（一） 不同干旱等级条件下的农作物减产率非线性评估结果

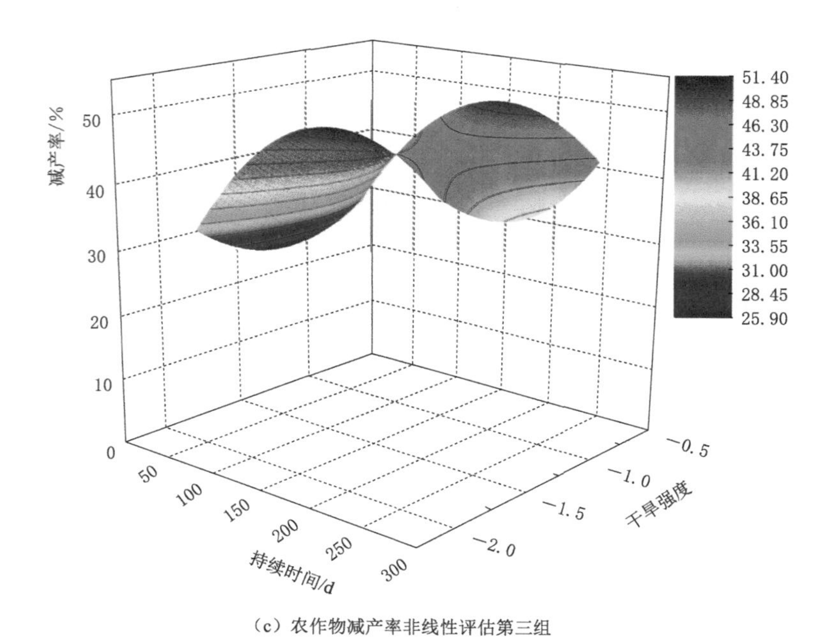

（c）农作物减产率非线性评估第三组

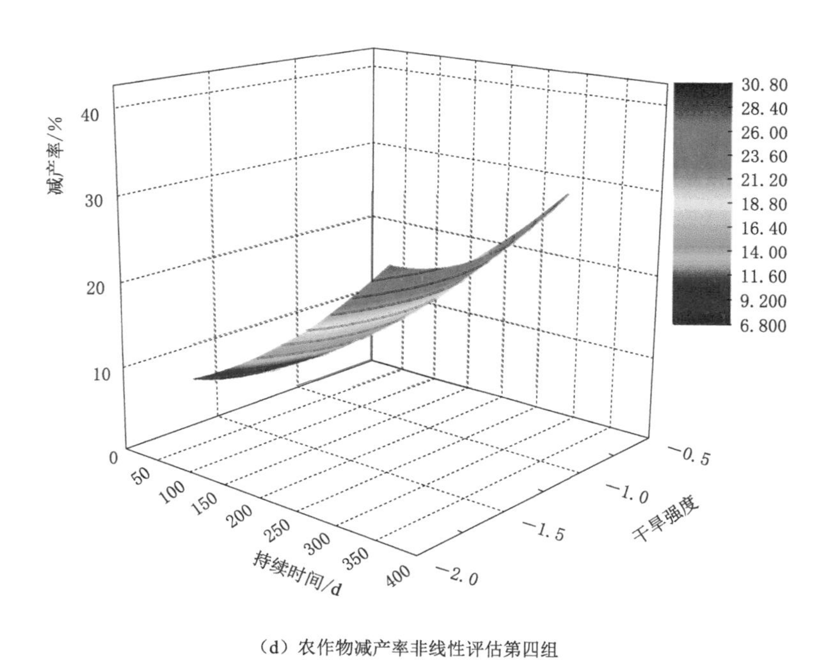

（d）农作物减产率非线性评估第四组

图 4.6（二）　不同干旱等级条件下的农作物减产率非线性评估结果

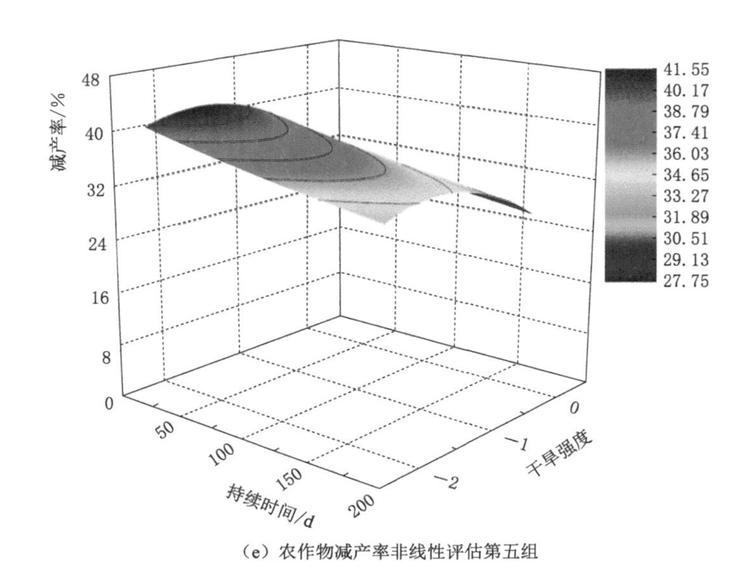

(e) 农作物减产率非线性评估第五组

图 4.6(三) 不同干旱等级条件下的农作物减产率非线性评估结果

不同干旱等级条件下的农作物减产率与干旱强度、持续时间呈现的非线性关系为

$$z=1.33886+1.06969x+78.78637y-0.00293x^2+26.05255y^2 \tag{4.18}$$

$$z=-113.11685+0.3037x-152.28957y-8.9146x^2-56.15466y^2 \tag{4.19}$$

$$z=46.24346+0.3144x+45.17233y-0.000850537x^2+16.84958y^2 \tag{4.20}$$

$$z=26.44135+0.02683x+30.86612y+0.000108345x^2+10.92263y^2 \tag{4.21}$$

$$z=33.81534-0.04832x-10.41357y+0.0000580359x^2-3.41472y^2 \tag{4.22}$$

式中:x 为内蒙古各个站点整体的干旱强度值;y 为整体干旱条件下的持续时间,d。

4.1.3.3 内蒙古农作物减产率

本书为了分析不同灌溉量对内蒙古春小麦产量的影响,以充足灌溉的产量为参考,模拟不同亏缺灌溉方案下 1961—2019 年内蒙古春小麦生长过程,计算各梯度水分亏缺灌溉条件下的春小麦减产率。由图 4.7 可知,当灌溉量 T1 为 30mm 时,2001 年的减产量为 3336kg/hm²,是同等灌溉梯度条件下整个研究期减产量最高的一年,原因是 2001 年我国除华南、西南和河套等部分地区降水偏多外,其余大部分地区降水偏少,温度偏高,大风天气频繁,继 2000 年后再次发生了大范围的干旱,1976 年、1978 年、1980 年和 2015 年等为同样情况,因此造成内蒙古乌拉特前旗减产量超过 3000kg/hm²;当灌溉量 T2 为 60mm 时,2001 年和 2015 年春小麦减产量分别为 3169kg/hm² 和 3021kg/hm²,同样是特大干旱事件引起降水量不足,造成春小麦大幅度减产;当灌溉量 T3 为 90mm 时,由于特大干旱年的降水量减少,2001 年的春小麦减产量为 3016kg/hm²;当灌溉量 T4 为 120mm、灌溉量 T5 为 150mm 时,春小麦的减产量均小于 3000kg/hm²,说明灌溉量对于春小麦的减产有着至关重要的影响。

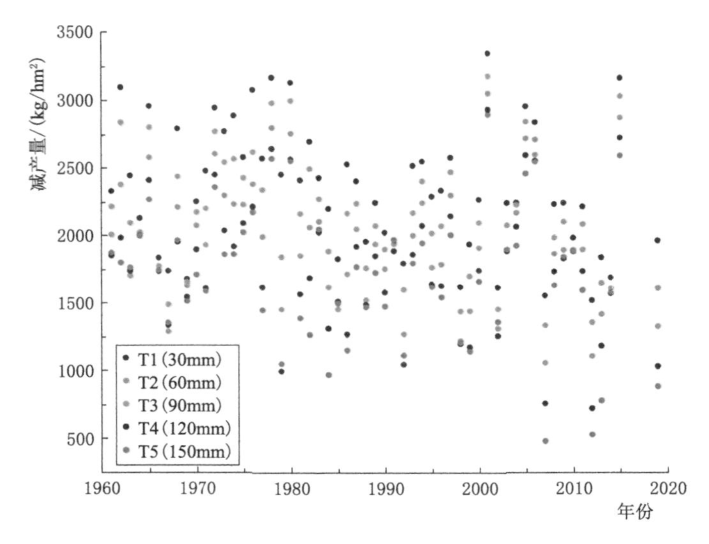

图 4.7　年份与减产量的关系

乌拉特前旗是巴彦淖尔市下辖旗，位于内蒙古自治区西部，巴彦淖尔市东南部，黄河北岸，河套平原东端。乌拉特前旗旗境属于中温带大陆性季风气候，日照充足，积温较多，昼夜温差大，雨水集中，雨热同期。由图 4.8 和表 4.2 可以看出，1961—2019 年的农作物减产率根据灌溉量及当年气候的不同，有着不一样的波动性变化。当灌溉量增大时，减产率递减，说明灌溉量对于春小麦的增产和保产具有重要的作用。在 CERES - Wheat 模型验证的基础上，运用模型对不同灌溉梯度下的春小麦产量进行了模拟，研究区温度升高、旱涝交替、降水时节分配不均、温度和降水变化是影响春小麦产量的主要因素。

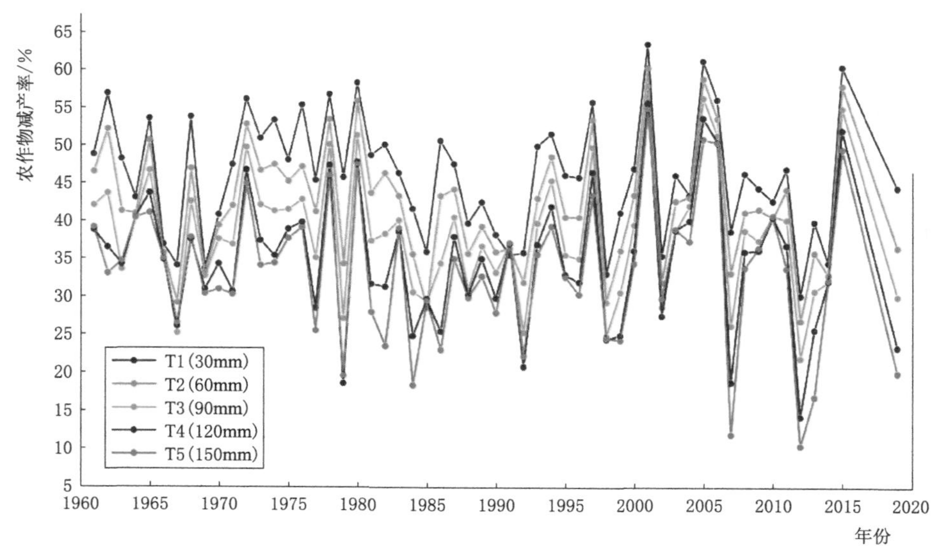

图 4.8　年份与减产率的关系

表 4.2　不同梯度灌溉情景农作物减产率

梯度灌溉序号	各时段灌溉量/mm			生育期灌溉总量/mm	平均减产率/%
	播种期	返青期	灌浆期		
T1	10	10	10	30	43.59
T2	20	20	20	60	38.84
T3	30	30	30	90	35.14
T4	40	40	40	120	30.61
T5	50	50	50	150	25.72
TAU	自动灌溉（当土壤含水量小于80%时进行）				

4.1.4　不同干旱等级灾区引调水状况抗旱能力评价

在基于多源遥感干旱监测指标开展大范围干旱监测与评估的基础上，以锡林郭勒盟为评估客体，分析该地区在中旱和重旱条件下的抗旱能力，分别采用可供水量、抗旱需水量和抗旱缺水量为评估指标（表 4.3）。

表 4.3　锡林郭勒盟不同条件干旱条件下抗旱能力评估

干旱等级	可供水量/万 m^3					抗旱需水量/万 m^3				抗旱缺水量/万 m^3			
	应急调度	抗旱应急	供水系统	新建抗旱应急	总量	灌区	非灌区	生态区	总量	灌区	非灌区	生态区	总量
中旱	0	776	0	10340	11116	7226	3890		11116	0	0	0	0
重旱	0	400	0	7538	7938	187	525	7297	8009	0	0	−72	−72

分析表 4.3 可知，该地区在中旱情况下，可供水量为 11116 万 m^3，抗旱需水量为 11116 万 m^3，表明在中等干旱情况下，该地区无论是灌区、非灌区还是生态区都满足抗旱能力，即表明抗旱能力为 100%。在重旱情况下，可供水量为 7938 万 m^3，抗旱需水量为 8009 万 m^3，表明在重旱情况下，该地区的抗旱能力无法达到要求，灌区农业和非灌区农业基本自足，在一定程度上能有效抵御干旱的影响，然而从生态需水方面来看，该地区无法满足要求，生态区缺水量为 72 万 m^3。

锡林郭勒盟在中旱和重旱两种情形下基于灾区引调水状况的抗旱能力见表 4.4。分析可知，在基于遥感监测干旱影响范围的基础上，灾区引调水状况的抗旱能力均达到 85%以上。

表 4.4　灾区引调水状况的抗旱能力

干旱等级	供水总量/万 m^3	需水总量/万 m^3	缺水总量/万 m^3	抗旱能力/%
中旱	11116	11116	0	100
重旱	7938	8010	−72	99

在此基础上，进一步提取应急状态下水源的分布，2018 年 4—8 月内蒙古水体面积统计分别为 4776.01km^2、5556.80km^2、4618.22km^2、4695.92km^2、5384.46km^2。

4.1.5 2018 年内蒙古干旱监测与评估野外调查试验

在进行内蒙古干旱调研的基础上，为揭示内蒙古农业干旱的影响程度和干旱空间分布，在对研究区进行取点的基础上，开展了野外试验（图 4.9），试验范围覆盖了内蒙古的大部分区域。该试验共设置采样点 58 组，采用针刺法、线段法测量植被盖度，利用卷尺测量植被高度，通过剪草和测树高、胸径、冠幅、枝下高等手段测量植被生物量，综合采用即时反射技术、烘干法、土壤水分传感器等设备或方法测量土壤水分。

图 4.9 2018 年内蒙古野外试验

随后将试验数据进行处理，将土壤温度（0～10cm 深度）、以即时反射技术测量的土壤含水量、典型点 1m×1m 生物量、质量含水率、体积含水率、土壤干容重等基本数据整理汇总完毕，在此基础上对 0～10cm、10～20cm 深度土壤土层质量含水率和体积含水率分别与 1m×1m 生物干量的关系进行了初步拟合，对表层土壤 0～10cm 深度土层和土壤温度的关系也进行了初步拟合，拟合结果分别如图 4.10～图 4.12 所示。

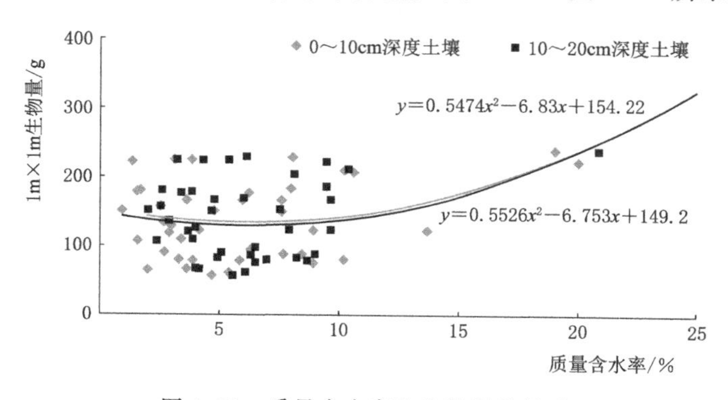

图 4.10 质量含水率和生物量的关系

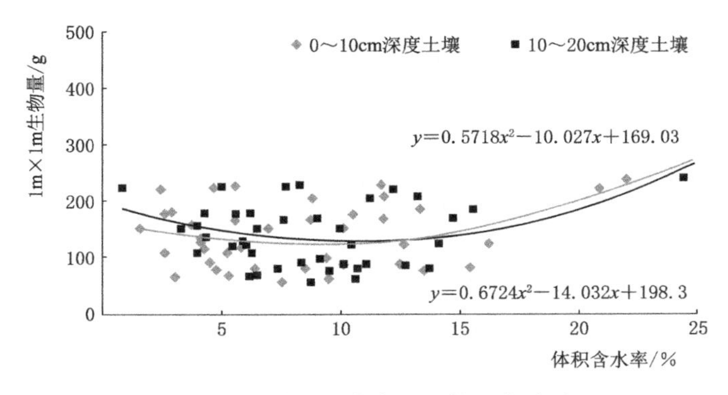

图 4.11　体积含水率和生物量的关系

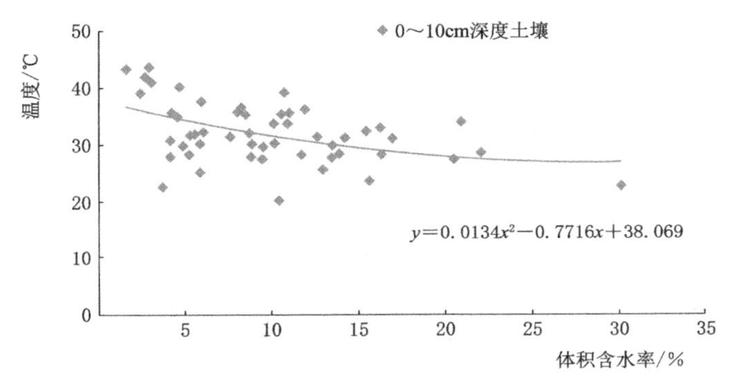

图 4.12　体积含水率和温度的关系

分析图 4.10～图 4.12 可知，受到持续农业干旱的影响，该地区表层土壤（0～20cm 深度）的土壤含水率普遍较低，质量含水率大多分布在 2%～10%的范围内，体积含水率大多分布在 5%～15%的范围内，其中 0～10cm 深度土层含水率略低于 10～20cm 深度土层，但也存在两者基本相同的地方，表明持续干旱对表层土壤影响较大，随着干旱的持续，干旱造成的水分持续降低也趋于稳定。

分析 0～10cm 深度土层土壤和 10～20cm 深度土层土壤质量含水率和生物量的关系，从整体趋势来看，其质量含水率越高，生物量也越大。对其进行拟合，0～10cm 深度土层土壤质量含水率和生物量之间存在 $y=0.5474x^2-6.83x+154.22$（$0<x<25\%$）的相关关系，10～20cm 深度土层土壤质量含水率和生物量之间存在 $y=0.5526x^2-6.753x+149.2$（$0<x<30\%$）的相关关系，且都在双曲线的增长段，这表明干旱造成土壤含水量降低，而土壤含水量降低进一步对植物的生物量造成损伤，即干旱对植物生产力损失的影响是通过降低土壤含水率而降低生物量实现的。同样，分析土壤体积含水率和生物量的关系也存在这种影响趋势。

对 0～10cm 深度表层土壤体积含水率和 0～10cm 深度表层土壤的温度进行拟合，可知温度和表层土壤含水率之间存在反比的关系，即随着土壤体积含水率的增加，温度反而会降低，这表明土壤含水率对干旱具有一定的抵抗能力。对这种相关关系进行拟合，表层土壤温度和表层的体积含水率的相关关系函数为 $y=0.0134x^2-0.7716x+38.069$（$0<x<$

30%)，这种相关关系的趋势在一定程度上也表明了体积含水率和干旱程度的关系，即干旱程度越高、持续时间越长，土壤含水率也越低，且这种降低趋势随着时间的降低会减小。

4.2　长江中下游平原干旱监测评估案例

4.2.1　长江中下游区域人口与耕地分布概况

长江中下游平原区气候温暖湿润，为我国重要的农业基地，是重要产棉区和产粮区，区域内稻、麦、棉、麻、丝、油、水产等产量居我国前列，素有“鱼米之乡”之称。长江中下游平原东部的上海市和江苏、浙江两省的部分地区，是区域内经济最发达的地区，人口聚集最多。湖北、湖南、江西、安徽等省部分地区，承东启西，连南通北，区域内人口众多。

长江中下游人口密度数据来自全球人类住层区（global human settlement layer，GHSL），土地利用数据来自 MODIS 的 MCD12Q1 数据。

在我国 120 万 km^2 的农田面积中，长江中下游地区农田占 35.5 万 km^2，占比近 30%，远高于人口比例。其中江汉平原近千年来始终是我国南方主要的粮食产地，江苏省则具有更为悠久的种植发展历史，对于耕地面积和粮食产量的贡献均相对较高。广袤的耕地同样带来了大量的农业人口的聚集，耕地面积带来更多规模较小的村镇分布，构成了长江中下游地区层级化城市结构的基础。长江中下游地区河渠密布，各类湖泊位于平原之上，大量村垦造田和开沟挖渠的人类活动进一步带来了地形地貌的变化，使得地形更加平坦。

4.2.2　长江中下游受旱评估结果

针对 2019 年长江中下游夏秋连续干旱事件开展全过程受旱影响评估，空间范围为长江中下游地区（湖北省、湖南省、江西省、安徽省、江苏省、浙江省、上海市），时间范围为 2019 年 4—12 月，监测指标为（SPI＋SVI）/2（以下简称 CDI）。根据长江中下游 CDI 逐月动态变化数据，追踪长江中下游夏秋连续干旱事件。

1. 植被生长状况遥感监测

此次评估植被受旱状况使用了植被总初级生产力（gross primary productivity，GPP）和归一化植被指数（NDVI）的概念。初级生产力是指生态系统中植物群落在单位时间、单位面积上产生的有机物质的总量，一般以每天、每平方米有机碳的含量（质量数）表示。总初级生产力和净初级生产力构成了初级生产力。总初级生产力是指单位时间内绿色植物通过光合作用途径所固定的有机碳量（又称总第一性生产力），它决定了进入陆地生态系统的初始物质和能量。净初级生产力则表示植被所固定的有机碳中扣除本身呼吸消耗的部分，这一部分用于植被的生长和生殖（也称净第一性生产力）。两者的关系为：净初级生产力＝总初级生产力－自养生物本身呼吸所消耗的同化产物。归一化植被指数，即在遥感影像中，近红外波段的反射值与红光波段的反射值之差与两者之和的比。NDVI 可检测植被生长状态、植被覆盖度和消除部分辐射误差等，能反映出植物冠层的背景影响，如土壤、潮湿地面、雪、枯叶、粗糙度等，且与植被覆盖有关。多种卫星遥感数据反演植被指数产品是地理国情监测云平台推出的生态环境类系列数据产品之一。

由 GPP 与 NDVI 的空间分布图可看出，GPP 与 NDVI 具有季节性变化，即春季 4—5 月整体值偏低，夏季 6—9 月整体偏高，冬季 10—12 月偏低，这是由于植被本身受物候的影响会出现季节性波动。从空间分布来看，长江中下游全区植被覆盖率较高，自然植被大部分分布在全区的西南部，西北部地区大部分为农田。

2. 植被干旱受损量评估

植被干旱受损量的计算步骤如下：

(1) 识别干旱事件。将游程理论应用于长江中下游干旱事件的识别，当干旱指数 CDI 小于−0.5 时，定义为一次干旱事件的开始；当干旱指数大于−0.5 时，定义为这次干旱事件的结束。开始和结束的时间分别为 t1 和 t2，干旱开始的月份至干旱结束的月份为干旱的历时，又称为干旱的持续时间。

(2) 获取植被的正常生长状态。长江中下游受气候的影响，植被表现出明显的季节性变化，因此每个月的植被正常生长状态是不同的，此时需要分别计算每个月非干旱时期的植被生长状态。在计算植被的正常生长状态时，应先排除干旱事件的月份，再计算每个月的平均值，作为当月的植被正常生长状态。

(3) 计算植被干旱受损量。用当月的植被生长数据 GPP 和 NDVI 分别减去多年来当月的平均值，即为植被干旱受损量。

从每个月的 GPP 受损量空间分布来看，2019 年 7 月 GPP 损失面积最大，长三角地区损失量最大，达到 $20gC/m^2$，2019 年 12 月长江中下游西北部地区 GPP 损失量较大。

从每个月的 NDVI 受损量空间分布来看，2019 年 9 月 NDVI 损失面积最大，达到−0.1，2019 年 8—11 月长江中下游 NDVI 损失较为严重，说明植被在这 3 个月中生长活性受到了干旱的胁迫。

3. 植被对干旱的敏感度分析

通过计算 GPP、NDVI 和 CDI 的皮尔赫相关系数来评价植被与 CDI 的相关性。

从 CDI 与 NDVI、GPP 相关性空间分布来看，全区相关性较高，达到 0.8 以上，说明植被对于干旱有较强的敏感性。长江中下游西北部的植被对干旱的敏感性较低，这是由于长江中下游西北部属于山区，山区一般海拔较高，气温较低，因此植被的生长状态应该是受到了温度的影响。人口密集地区的植被对干旱的响应稍低，这是由于人口密集地区大部分为农田，而农田作物在受旱的时候大多会得到灌溉，因此这些区域的植被对干旱的响应会受到人为因素的干扰，从而降低了敏感性。

4. 受旱人口与农田受旱面积分析

通过人口分布空间图、土地利用空间图和 CDI 干旱指数级别图叠加分析可得受旱人口与农田受旱面积的情况。受旱人口与农田受旱面积如图 4.13 和图 4.14 所示。

从人口受旱图可看出，受旱人口在此次事件中呈现波动状态，2019 年 4 月受旱人口最少，约为 4000 万人；2019 年 6 月到达第一个峰值，约 1.1 亿人；2019 年 11 月到达顶峰，约 1.9 亿人。此次事件对该区居民影响最大的月份是 2019 年 10—11 月。

从农田受旱图可看出，受旱面积最大的月份出现在 2019 年的 8 月和 9 月，有将近 14 万 km^2 的农田收到了干旱的影响；2019 年 5 月和 2019 年 11 月农田受旱的面积最小，约为 2 万 km^2。

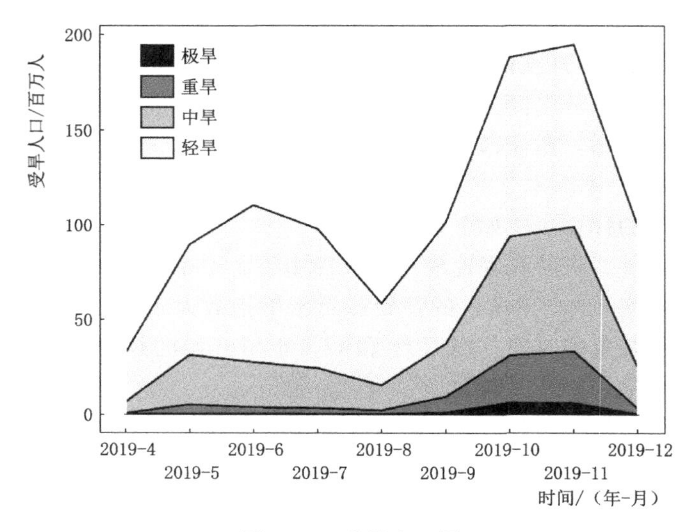

图 4.13　受旱人口图

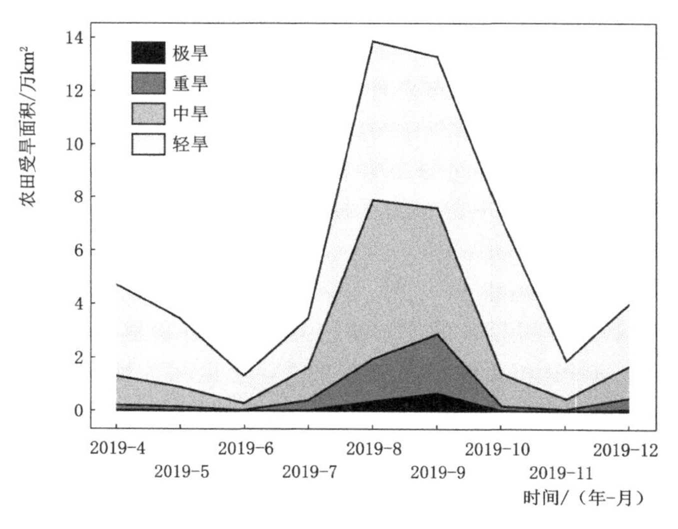

图 4.14　农田受旱面积图

4.3　纳米比亚干旱监测评估案例

4.3.1　纳米比亚人口与土地利用分布概况

纳米比亚西部濒临大西洋，北部与赞比亚和安哥拉接壤，东部连接博茨瓦纳，南部与南非相邻。纳米比亚属于亚热带和半干旱气候，是撒哈拉沙漠以南非洲最干旱的国家。纳米比亚全国总人口为 240 万人，是世界人口密度最低的国家之一。其主要的土地覆盖类型为灌木、草地和裸地。纳米比亚人口密度数据来自 GHSL，土地利用数据来自 MODIS 的 MCD12Q1 数据。

4.3.2 纳米比亚受旱监测结果

本书基于遥感降水和植被指数产品对纳米比亚的旱情发展状况进行应急监测。如图4.15所示，整个2018—2019年生长季，纳米比亚全国平均降水和植被指数均为20年来的最低值，表明严重的气象干旱确实对当地的生态系统造成了巨大影响。

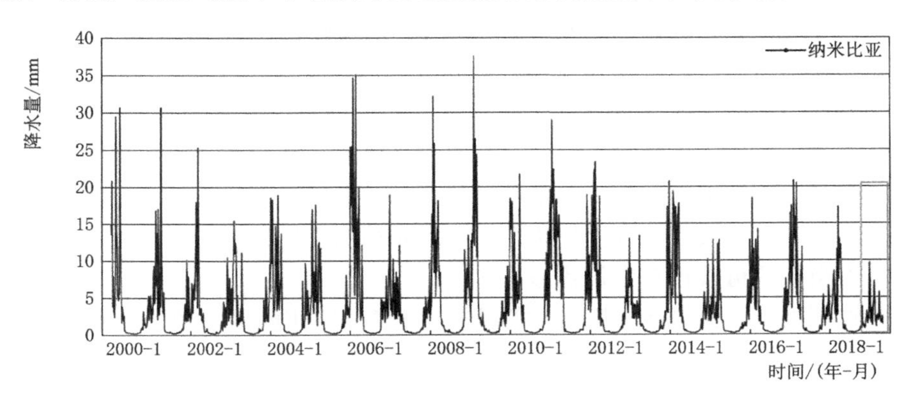

(a) 降水量（CHIRPS）

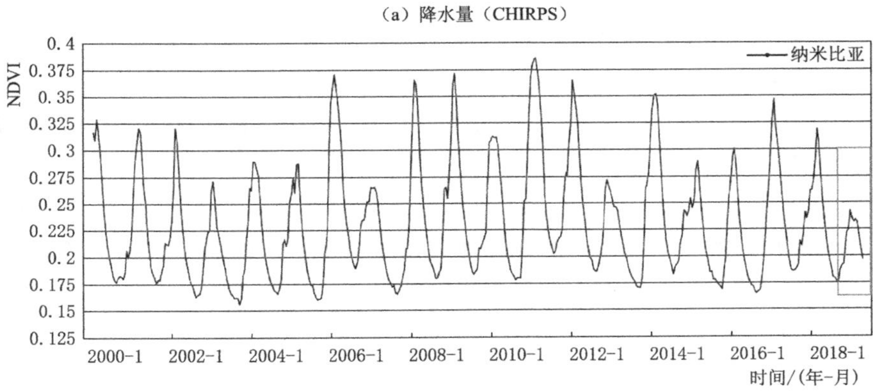

(b) 植被指数（MOD2s Terra 16-Day）

图4.15 纳米比亚平均降水和植被指数时间序列

2019年2月，纳米比亚全国大部分都处于极端气象干旱状态。到4月，雨季逐渐过去，气象干旱情形得到缓解。2019年2月，全国大部分植被生长受到胁迫，特别是中部地区，植被绿度降低30%以上。到5月，受影响的植被范围进一步扩大。植被对降水的异常响应表现出一定的滞后效应。

4.3.3 纳米比亚受旱评估结果

针对2018—2019年纳米比亚干旱开展全过程监测及影响评估，空间范围为纳米比亚全国，时间范围为2018年9月至2019年12月，监测指标为（SPI+SVI）/2（以下简称CDI）。根据纳米比亚CDI逐月动态变化图和干旱等级图，追踪纳米比亚2018—2019年生长季持续干旱事件。

1. 植被生长状况遥感监测

由GPP与NDVI的空间分布图可看出，GPP与NDVI具有季节性变化，生长季为12月到来年4月，这是由于植被本身受物候的影响会出现季节性波动。从空间分布来看，纳米比亚全区植被覆盖率较低，自然植被大部分集中在西北部地区。

2. 植被干旱受损量评估

植被干旱受损量的计算步骤如下：

（1）识别干旱事件。将游程理论应用于纳米比亚干旱事件的识别，当干旱指数 CDI 小于－0.5 时，定义为一次干旱事件的开始；当干旱指数大于－0.5 时，定义为这次干旱事件的结束。开始和结束的时间分别为 t1 和 t2，干旱开始的月份至干旱结束的月份为干旱的历时，又称为干旱的持续时间。

（2）获取植被的正常生长状态。纳米比亚受气候的影响，植被表现出明显的季节性变化，因此每个月的植被正常生长状态是不同的，此时需要分别计算每个月非干旱时期的植被生长状态。在计算植被的正常生长状态时，应先排除干旱事件的月份，再计算每个月的平均值，作为当月的植被正常生长状态。

（3）计算植被干旱受损量。用当月的植被生长数据 GPP 和 NDVI 分别减去多年来当月的平均值，即为植被干旱受损量。

从每个月的 GPP 受损量空间分布来看，2019 年 3 月 GPP 损失面积最大，损失量也最大，达到 15gC/m^2，植被受旱影响比较严重的月份是 2019 年 2—4 月。

从每个月的 NDVI 受损量空间分布来看，2019 年 3 月 NDVI 损失面积最大，达到－0.1，2019 年 1—5 月 NDVI 损失较为严重，说明植被在这几个月中生长活性受到了干旱的胁迫。

3. 植被对干旱的敏感度分析

从 CDI 与 NDVI、GPP 相关性空间分布来看，全区相关性较高，达到 0.8 以上，说明植被对于干旱有较强的敏感性。然而裸地的植被对干旱的敏感性较低，这是由于裸地几乎无植被，因此数据的噪声较大，会影响相关系数。

4. 受旱人口与农田受旱面积分析

通过人口分布空间图、土地利用空间图和 CDI 干旱指数级别图叠加分析可得受旱人口与农田受旱面积的情况。受旱人口与农田受旱面积分别如图 4.16、图 4.17 所示。

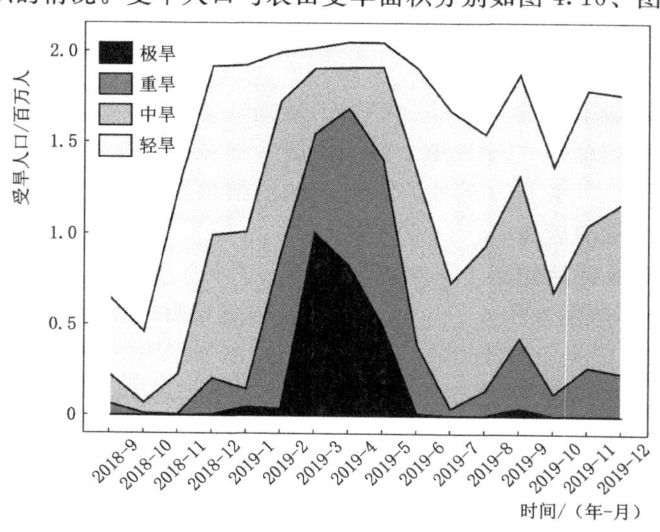

图 4.16 受旱人口图

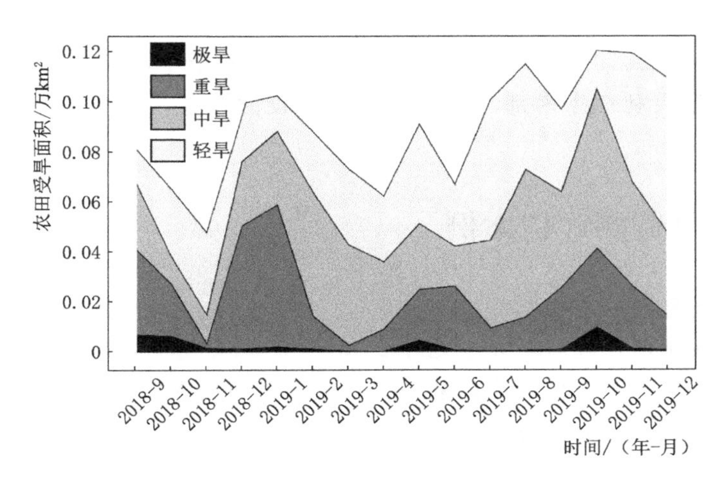

图 4.17　农田受旱面积图

从人口受旱图可看出，受旱人口在此次事件中呈现波动状态，2018 年 12 月至 2019 年 7 月受旱人口接近 200 万人，几乎全国人口都受到了干旱的影响，其中受到极端干旱影响的人口达 100 万人。

从农田受旱图可看出，农田受旱面积呈现波动状态，2019 年 1 月达到第一个波峰，受旱面积大概为 0.1 万 km^2；受旱面积最大的月份出现在 2019 年的 10 月，将近 0.12 万 km^2 的农田受到了干旱的影响。

4.4　澳大利亚火灾监测评估案例

4.4.1　研究区概况

澳大利亚位于南太平洋和印度洋之间，由澳大利亚大陆和塔斯马尼亚岛等岛屿和海外领土组成。它东濒太平洋的珊瑚海和塔斯曼海，西、北、南三面临印度洋及其边缘海。澳大利亚是世界上最平坦、最干燥的大陆，约 70%的国土属于干旱或半干旱地带。澳大利亚的地形很有特色，东部为山地，中部为平原，西部为高原。澳大利亚跨两个气候带，北部属于热带，南部属于温带。中西部是荒无人烟的沙漠，干旱少雨，气温高，温差大；沿海地带，则雨量充沛，气候湿润。

澳大利亚经历了连续数年降水量低于平均水平的漫长时期。自 2017 年初以来，降水不足已经影响澳大利亚大部分地区。澳大利亚气象局发布报告，2019 年是澳大利亚 100 多年来年平均气温最高、降水量最少的一年。长期干旱状况对澳大利亚的农业、畜牧业造成严重影响，2019 年 7 月以来，高温天气和干旱导致澳大利亚多地林火肆虐，对当地生态系统和野生动物也造成了巨大影响。

4.4.2　监测评估结果

针对 2019 年澳大利亚干旱开展全过程监测及影响评估，空间范围为澳大利亚全国，时间范围为 2018 年 9 月至 2019 年 12 月，监测指标为 CDI。根据澳大利亚 CDI 干旱等级图，追踪澳大利亚 2019 年干旱事件。2018 年 9 月澳大利亚东南部地区开始发生干旱，在夏季、秋季（2019 年 2—4 月）发生最为严重的干旱，5—8 月东部部分地区的旱情有所缓解。澳大利亚东南部、北部地区旱情较为严重，中西部地区次之，东北部地区旱情较轻。

4.5 云南干旱监测评估案例

4.5.1 研究区概况

云南省位于我国西南地区，介于北纬 21°8′～29°15′、东经 97°31′～106°11′之间，北回归线横贯云南省南部，属低纬度内陆地区。全省东西最大横距为 864.9km，南北最大纵距为 990km。云南省总面积为 39.41 万 km^2。

云南省地势呈现西北高、东南低，自北向南呈阶梯状逐级下降，属山地高原地形。云南省绝大部分区域位于中海拔区域。云南气候基本属于亚热带高原季风型，立体气候特点显著，类型众多，年温差小，日温差大，干湿季节分明，气温随地势高低垂直变化异常明显。全省平均气温，最热（7 月）月均温为 19～22℃，最冷（1 月）月均温为 6～8℃，年温差一般只有 10～12℃。全省降水在季节上和地域上的分配极不均匀。干湿季节分明，湿季（雨季）为 5—10 月，集中了 85%的降水量；干季（旱季）为 11 月至次年 4 月，降水量只占全年的 15%。全省降水的地域分布差异大，最多的地方年降水量可达 2200～2700mm，最少的仅有 584mm，大部分地区年降水量在 1000mm 以上。

4.5.2 监测评估结果

旱情监测指标体系由单一要素监测指标和综合监测指标两部分构成。单一要素监测指标基于当前遥感手段可稳定定量反演的降水产品、植被指数产品分别定义，能够从不同角度体现旱情特征的演变过程。综合监测指标则由各个单一要求监测指标加权综合得到，可以用于后期的灾情影响评估。

（1）标准化降水指数（SPI）。该指数主要将某时段的降水量同历史上同期的降水量进行比较，经正态标准化后划分旱情等级，主要反映气象干旱。该指数的大部分应用都是以地面站点监测数据作为输入特征，受地面站点分布的影响，空间分辨率较低。选用长时间序列遥感反演的降水数据作为输入特征，此处使用的是 CHIRPS 数据，生成空间分辨率约为 5km 的旱情等级产品。

（2）标准化植被指数（SVI）。该指标利用当月归一化植被指数（NDVI）同历史同期平均值的差异经正态标准化计算得到，主要通过生态系统对干旱的响应来表征旱情等级。当前诸多遥感 NDVI 产品可用于计算该指数，此处使用的是 MOD13A2 数据，计算公式为

$$SVI_i=\frac{NDVI_i-NDVI_{\mathrm{mean}}}{\delta_{\mathrm{NDVI}}} \tag{4.23}$$

式中：i 为当前监测月份；SVI_i 为监测月的标准化植被指数；$NDVI_i$ 为监测月的归一化植被指数；$NDVI_{\mathrm{mean}}$ 为该月历史同期平均 NDVI；δ_{NDVI} 为历史同期 NDVI 标准差。

（3）综合遥感干旱监测指数（CDI）

综合遥感干旱指数基于上述单一要素监测指标加权综合得到，公式为

$$CDI_i=\alpha\times SPI_i+\beta\times SVI_i \tag{4.24}$$

式中：CDI_i 为当前监测月的综合遥感监测指数；i 为当前监测月份 α、β 分别为单一要素指标的权重，$\alpha+\beta=1$，分别固定设置为 0.5、0.5。

式（4.24）中 SPI 采用 3 月尺度值，SVI 采用 1 个月的平均值。

（4）旱情等级划分。上述单一要素监测指标和综合干旱监测指标理论上具有相同的取值范围，依据指标值的不同对旱情等级进行划分。干旱监测指数与旱情等级对照见表 4.5。

表 4.5　干旱监测指数与旱情等级对照表

干旱监测指数值	旱情等级	干旱监测指数值	旱情等级
>−0.49	无旱	−1.5～−1.99	重旱
−0.5～−0.99	轻旱	<−2.0	特旱
−1.0～−1.49	中旱		

4.5.3　干旱动态监测

针对 2019—2020 年云南省干旱事件开展全过程监测及影响评估，空间范围为云南省，时间范围为 2019 年 11 月至 2020 年 5 月，使用的数据是 MOD13A2 和 CHIRPS 数据，监测指标为综合遥感干旱监测指数 CDI。

基于植被指数和降水异常的动态变化，结合 SVI 和 SPI 构建综合干旱指数 CDI，以监测此次干旱事件的动态变化过程。由于持续高温少雨，云南省大部分地区在 2019 年均受到旱情影响，出现重旱或特旱。2019 年冬季云南大部分地区降水偏少，但对植被的影响并不显著；2020 年 1—3 月，旱情位于云南省南部地区，特别是西双版纳、思茅、红河等地缓慢发展；2020 年 4 月，旱情影响范围逐渐扩大，滇中南部、滇中西部以及滇西北部地区受旱情影响严重；2020 年 5 月，旱情影响范围向东、向北进一步扩大，影响较为严重的地区主要包括滇西北部地区、滇东北部地区（注：由于所选的遥感数据在获取方面具有一定的滞后性，因此，此处计算所得的 2020 年 5 月 CDI 所使用的数据是 MOD13A2_2020.4.22 和 CHIRPS_2020.4.26 之前的数据）。

4.5.4　受旱面积统计

根据上述干旱监测结果，统计云南省 2019 年 11 月至 2020 年 5 月不同等级干旱面积的变化情况。此时间段云南省大部分地区均为轻旱，前期干旱影响范围较小，2020 年 4—5 月旱情影响范围逐渐扩大，干旱程度也进一步加深。云南不同等级干旱条件下的受灾耕地面积如图 4.18 所示。

分别采用线性回归模型、非线性回归模型对云南省 16 个站点的干旱损失量进行评估，评估结果分别见表 4.6～表 4.8。由表可以看出，采用非线性评估模型评估云南受灾耕地面积时，部分结果存在较大误差，因此更倾向于采用线性回归模型完成 2020 年云南省受灾耕地面积评估。

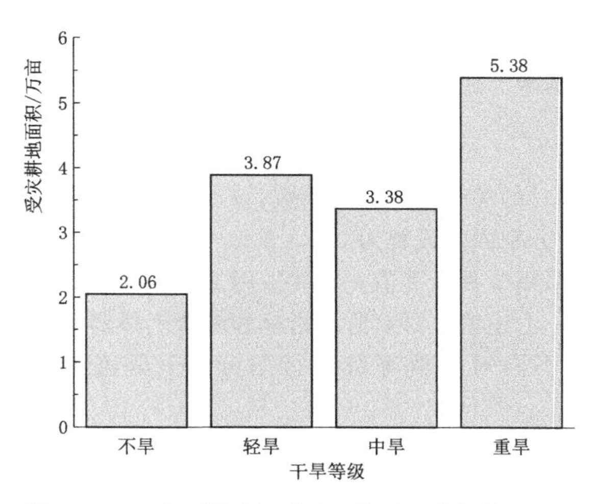

图 4.18　云南不同等级干旱条件下的受灾耕地面积

表 4.6　2020 年云南省不同旱情等级条件下受灾耕地面积线性评估结果　单位：万亩

站点	整体旱情	不旱	轻旱	中旱	重旱
临沧市	0.22	0.09	0.21	0.06	0.31
思茅区	0.15	0.03	0.16	0.27	0.00
景洪市	0.20	0.08	0.21	0.06	0.33
个旧市	0.29	0.17	0.28	0.26	0.39
香格里拉市	0.21	0.09	0.20	0.06	0.29
丽江市	0.24	0.12	0.23	0.26	0.36
保山市	0.28	0.16	0.27	0.26	0.38
大理市	0.29	0.17	0.29	0.26	0.40
楚雄市	0.24	0.12	0.23	0.26	0.36
芒市	0.22	0.10	0.21	0.06	0.31
昭通市	0.24	0.12	0.23	0.26	0.35
曲靖市	0.29	0.17	0.28	0.26	0.39
玉溪市	0.28	0.16	0.26	0.26	0.37
文山州	0.28	0.16	0.27	0.26	0.38
昆明市	0.28	0.16	0.27	0.26	0.38
六库街道	0.28	0.16	0.27	0.26	0.38

表 4.7　2020 年云南省不同旱情等级条件下受灾耕地面积非线性评估结果　单位：万亩

站点	整体旱情	不旱	轻旱	中旱	重旱
临沧市	0.02	0.59	0.17	0	0.72
思茅区	0.13	1.26	0.07	0	36.25
景洪市	0.03	0.87	0.06	0	0.67
个旧市	0.41	0.70	0.06	0.09	0.62

续表

站点	整体旱情	不旱	轻旱	中旱	重旱
香格里拉市	0.04	0.61	0.19	0	0.75
丽江市	0.12	0.69	0.11	0	0.63
保山市	0.32	0.62	0.33	0	0.62
大理市	0.52	0.82	0.46	0.26	0.62
楚雄市	0.12	0.70	0.11	0	0.63
芒市	0.02	0.59	0.17	0	0.71
昭通市	0.09	0.67	0.10	0	0.64
曲靖市	0.41	0.71	0.39	0.09	0.62
玉溪市	0.28	0.58	0.31	0	0.62
文山州	0.29	0.59	0.31	0	0.62
昆明市	0.31	0.61	0.32	0	0.62
六库街道	0.36	0.65	0.35	0.01	0.62

表 4.8　　2020 年云南省不同旱情等级条下受旱耕地面积统计结果　　单位：亩

日期	不旱	轻旱	中旱	重旱	特旱
2019-11-15	60497	4724	1200	321	74
2019-12-15	51836	9494	3691	1269	267
2020-1-15	59444	6103	1114	108	0
2020-2-15	65025	1465	409	85	11
2020-3-15	65832	940	205	46	0
2020-4-15	60111	4462	1690	460	121
2020-5-15	43359	15004	5215	1732	1122

分别采用线性回归模型与非线性回归模型评估出 2020 年云南省受旱耕地面积总数，并利用 ArcGIS 软件提取 2020 年云南省受旱耕地面积数据，其线性评估与非线性评估精度分别为 57.83%、86.97%。因此评估 2020 年云南省受旱耕地面积应采用非线性评估模型。

4.5.5　受旱人口统计

根据上述干旱监测结果，统计云南省 2019 年 11 月至 2020 年 5 月不同旱情等级条件下受灾人口的变化情况。此时间段云南省大部分地区均为轻旱，前期干旱影响范围较小，2020 年 4—5 月旱情影响范围逐渐扩大，干旱程度也进一步加深。云南省不同旱情等级条件下的受灾人口如图 4.19 所示。

分别采用线性回归模型、非线性回归模型对云南省 16 个站点的干旱损失量进行评估，评估结果分别见表 4.9～表 4.11。由表可以看出，采用非线性评估模型评估云南受灾人口时，部分结果存在较大误差，因此更倾向于采用线性回归模型完成 2020 年云南省受灾人口评估。

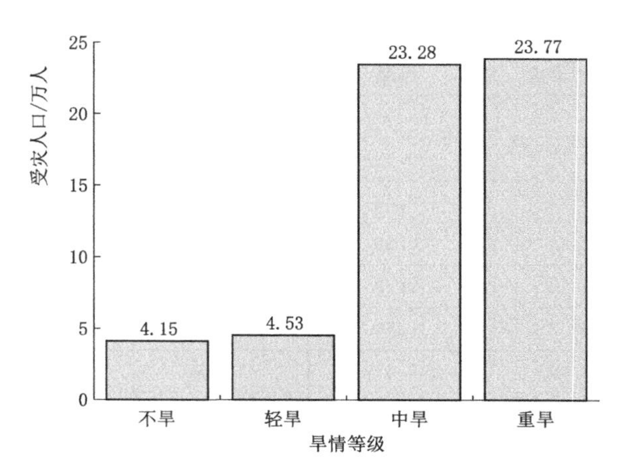

图 4.19　云南省不同旱情等级条件下的受灾人口

表 4.9　2020 年云南省不同旱情等级条件下受灾人口线性评估结果　单位：万人

站点	整体旱情	不旱	轻旱	中旱	重旱
临沧市	0.24	0.28	0.00	0.23	0.47
思茅区	0.27	0.30	0.87	1.21	1.41
景洪市	0.24	0.28	0.36	0.41	0.91
个旧市	0.20	0.24	0.21	2.02	2.12
香格里拉市	0.25	0.28	0.00	0.13	0.20
丽江市	0.22	0.26	0.78	1.75	1.42
保山市	0.21	0.24	0.06	1.94	1.92
大理市	0.20	0.24	0.38	2.11	2.35
楚雄市	0.22	0.26	0.80	1.76	1.45
芒市	0.24	0.28	0.00	0.26	0.54
昭通市	0.23	0.26	0.72	1.71	1.34
曲靖市	0.20	0.24	0.20	2.02	2.11
玉溪市	0.21	0.25	0.00	1.90	1.81
文山州	0.21	0.25	0.00	1.91	1.84
昆明市	0.21	0.24	0.03	1.93	1.88
六库街道	0.21	0.24	0.12	1.97	2.00

表 4.10　2020 年云南省不同旱情等级条件下受灾人口非线性评估结果　单位：万人

站点	整体旱情	不旱	轻旱	中旱	重旱
临沧市	0	0.03	0.54	0	0
思茅区	0	0	0	0	16.73
景洪市	0.28	0.17	0	0	0
个旧市	0.10	1.08	1.09	0	0.18

续表

站点	整体旱情	不旱	轻旱	中旱	重旱
香格里拉市	0	0	0.46	0	0
丽江市	0.30	0.71	0	0	0
保山市	0.08	1.03	1.02	0	0.27
大理市	0.15	1.11	1.17	0	0
楚雄市	0.31	0.72	0	0	0
芒市	0.00	0.10	0.56	0	0
昭通市	0.25	0.66	0	0	0
曲靖市	0.12	1.08	1.09	0	0.19
玉溪市	0.05	1.00	0.98	0	0.21
文山州	0.05	1.01	0.99	0	0.23
昆明市	0.07	1.02	1.01	0	0.26
六库街道	0.10	1.05	1.05	0	0.27

表 4.11　2020 年云南省不同旱情等级条件下受灾人口统计结果　单位：万人

时间	不旱	轻旱	中旱	重旱	特旱
2019-11-15	20.71	0.6662	0.006	0.0001	0
2019-12-15	18.996	1.4601	0.0267	0.0002	0
2020-1-15	21.87	0.9556	0.078	0.0002	0
2020-2-15	22.51	0.2016	0	0	0
2020-3-15	22.90	0.1119	0.0001	0	0
2020-4-15	20.15	0.3703	0.046	0.0001	0
2020-5-15	15.10	3.29	0.0862	0.0025	0

分别采用线性回归模型与非线性回归模型评估出 2020 年云南省受旱人口总数，并利用 ArcGIS 软件提取 2020 年云南省受旱人口数据，其线性评估与非线性评估精度分别为 94.91%、52.25%。因此评估 2020 年云南受旱人口数量应采用线性评估模型。

第5章 总结与展望

5.1 研究总结

本书构建了一个融合多源遥感参数的综合遥感干旱监测指数，适用于大范围干旱应急监测应用，专题开展了多源遥感产品和地面干旱记录数据集搜集与处理、综合遥感干旱监测指数模型构建与监测精度验证、综合遥感干旱监测指数区域适应性分析和基于综合遥感干旱监测指数的平台集成与示范应用工作。经地面样本验证，构建的综合遥感干旱指数等级监测精度达到81.50%，干旱影响面积精度达到86.98%。该指数在北方地区受降水、植被指数和地表温度因子影响均较强，在南方地区则主要取决于地表温度因子。构建的综合遥感干旱监测指数算法已经集成到示范平台，并针对境内外重特大干旱事件开展了5次示范监测应用。

本书以受灾人口、受灾耕地面积、受灾农作物减产率为评估指标，开展内蒙古大范围极端干旱应急监测评估研究。选取2000—2007年、2015—2018年的干旱指标数据，建立基于机器学习方法的内蒙古大范围干旱评估模型。由于评估过程中时常受到数据波动而产生的较大误差，因此基于“先分解再构造”的研究思路，提出一种基于Fisher最优分割法改进的干旱评估模型，有效地提高了内蒙古大范围极端干旱评估精度。经样本数据验证，改进后的内蒙古旱情受灾人口线性评估与非线性评估精度分别为84.68%、84.12%，比改进前的精度分别提高了3.33%、2.80%；改进后的内蒙古受旱耕地面积线性评估与非线性评估精度分别为89.504%、78.556%，比改进前的精度分别提高了12.89%、3.89%。为了验证构建的模型的通用性，选取2019年11月15日至2020年5月15日期间云南省旱情数据，并采用ArcGIS软完成不同等级的受灾人口与受灾耕地面积的提取。该模型对2020年云南省受旱耕地面积的线性评估与非线性评估精度分别为57.83%、86.97%；受旱人口的线性评估与非线性评估精度分别为94.91%、52.25%。该研究不仅提高了旱情损失量三维动态评估模型的评估精度，而且验证了该模型的通用性。

（1）本书提出了一种综合降水、植被指数和地表温度信息的综合遥感干旱监测指数和评估指标用于大范围复杂场景下的旱情监测与评估。利用监督性自组织隐射网络（Su-SOM），以遥感获取的降水、植被指数、地表温度信息同基于站点的长时序中国综合气象干旱指数组合形成模型的驱动数据集，同时利用长时间序列耕地和人口数据开展监测与评估。基于地面实测数据和调查资料，验证结果表明构建的综合遥感干旱指数等级监测精度达到81.50%，干旱影响面积精度达到86.98%。该指数在北方地区受降水、植被指数和地表温度因子影响均较强，在南方地区则主要决定于地表温度因子。构建的综合遥感干旱监测指数算法已经集成到示范平台，并针对境内外重特大干旱事件开展了5次示范监测应用。基于发展的大范围干旱应急监测技术，针对重特大干旱开展了5次示范监测，分别是2018年内蒙古东部干旱、2019年长江中游地区夏秋连旱、2018—2019年非洲纳米比亚干旱、2019年澳大利亚干旱和2020年云南春旱，取得了良好的社会效益和经济效益。

（2）以受灾人口、受灾耕地面积、受灾农作物减产率为评估指标，开展内蒙古大范围极端干旱应急监测评估研究。选取2000—2007年、2015—2018年的干旱指标数据，建立基于机器学习方法的内蒙古大范围干旱评估模型。由于评估过程中时常受到数据波动而产生的较大误差，因此基于“先分解再构造”的研究思路，提出一种基于Fisher最优分割法改进的干旱评估模型，有效地提高了内蒙古大范围极端干旱评估精度。经样本数据验证，改进后的内蒙古旱情受灾人口线性评估与非线性评估精度分别为84.68%、84.12%，比改进前的精度分别提高了3.33%、2.80%；改进后的内蒙古受旱耕地面积线性评估与非线性评估精度分别为89.504%、78.556%，比改进前的精度分别提高了12.89%、3.89%。为了验证构建的模型的通用性，选取2019年11月15日至2020年5月15日期间云南省旱情数据，并采用ArcGIS软件完成不同等级的受灾人口与受灾耕地面积的提取。该模型对2020年云南省受灾耕地面积的线性评估与非线性评估精度分别为57.83%、86.97%；受旱人口的线性评估与非线性评估精度分别为94.91%、52.25%。该研究不仅提高了旱情损失量三维动态评估模型的评估精度，而且验证了该模型的通用性。

5.2 创新点总结

（1）考虑干旱发生发展过程中的“驱动-响应”机制，基于监督性自组织映射网络回归模型，利用融合遥感降水、植被指数和地表温度驱动的单因子干旱指数构建了综合遥感干旱监测指数模型。相对于单因子的旱情指数，综合指数有效融合了干旱过程的驱动因子（降水）和响应因子（植被绿度和地表温度），能够更合理的刻画旱情的动态演变过程。进一步明晰了综合干旱监测指数中不同因子影响强度的时空差异。此外，借助国家官方机构发布的站点干旱记录数据，并以之作为参考真值，构建的综合遥感监测指数同对应的国家标准具备高度一致性，便于业务化推广。

（2）在基于大范围极端干旱应急监测与快速评估方面，在基于风云卫星的境外极端干旱事件监测与基于多遥感指标的极端干旱应急监测基础上，通过多源数据集成，构建综合考虑多生态系统植被生长状态、地表水热环境和人类活动的干旱灾害遥感快速评估模型，并可定量评价不同时间尺度降水与抗旱救灾措施的抗旱减灾效果。考虑到样本数据波动性对评估结果的干扰，本书基于“先分解再重构”的思想，先采用Fisher最优分割法对样本数据进行分割，分别采用多元线性回归模型、多元非线性回归模型对不同样本数据区间进行评估，最后采用混淆矩阵法对模型精度进行评价，构建的模型有效地提高了模型的评估精度问题，使得该模型在干旱评估领域得到广泛的应用。

5.3 应用总结

（1）基于发展的大范围干旱应急监测技术，针对重特大干旱开展了 5 次示范监测，分别是 2018 年内蒙古东部干旱、2019 年长江中游地区夏秋连旱、2018—2019 年非洲纳米比亚干旱、2019 年澳大利亚干旱和 2020 年云南春旱。每次示范监测都向课题组提供了完备的数据、图件和报告，并配合课题组完成了从监测到影响评估的全链条应用，取得了良好的社会效益和经济效益。提交构建的综合遥感干旱监测指数模型、依据的历史统计数据以及相关的实时集成方案文档给课题组，并配合完成了平台集成，使得平台能够开展近实时的大范围遥感干旱监测应用。

（2）基于内蒙古大范围极端干旱应急监测评估技术，针对项目开展期间内蒙古重特大干旱监测评估，同时对云南省 2020 年旱情进行示范监测。基于“先分解再重构”的思想，对原有的内蒙古干旱评估模型进行改进，通过实验，证明了该方法的可行性。同时研究将该模型运用到云南省干旱监测案例中，对云南省 2020 年受灾人口、受灾耕地面积进行评估，通过实验验证了模型的通用性。每次示范监测都向课题组提供了完备的数据、方法和报告，并配合课题组完成了从监测到影响评估的全链条应用，取得良好的社会效益和经济效益。

5.4 展望

本书完成了综合遥感干旱监测指数的构建，并经地面验证达到了相应指标要求，模型本身还存在一些不足有待进一步改进。

（1）模型训练依赖的参考真值样本，即国家气候中心发布的站点综合气象指数，本身是基于几个气象因子的加权组合定义的，因此更多体现的是气象干旱的变化。故构建的综合遥感干旱监测指数对于农业干旱和气象干旱耦合性不强的区域（比如华北生态区）监测精度较低。

（2）当前综合遥感干旱监测指数中植被指数的影响权重较低，特别是在我国南方地区，主要是因为南方地区水分充沛，引起植被扰动的因素复杂多变。当前参与模型训练的植被异常指数未能剔除除水分影响之外的其他因素影响，从而削弱了植被因子对南方旱情的表征能力。

（3）遥感数据集本身存在较大的不确定性，且同一参数存在不同的遥感数据源，这些不确定性对干旱监测结果的影响有待系统性评估。同时，模型的构建依赖地面参考真值，地面参考真值缺失的区域，模型的稳定性和精度都会受到较大影响。后期通过进一步优化模型参数、融合更多的过程参量有望进一步提升模型的监测精度，将模型推向真正的业务化应用。

研发的相关技术成果及模型已经完成平台集成，实现了业务化旱情监测示范应用。同时，研发大范围极端干旱大数据空天地一体化观测手段，形成智能感知网，建立灾害大数据时空样本库和基础数据库，耦合数字孪生与区块链、机器学习、大数据分析技术与专业作物经济学模型，建立重特大干旱智能识别预警模型，构建重特大极端干旱天空地一体化智能减灾大数据云平台，实时监测全国范围的极端干旱演变时空动态，开展重特大极端干旱安全监测与预警以及农业保险快速定损业务，以天、周、月、年不同时间尺度发送监测预警报告，实现重特大极端干旱全过程、全生命周期管理与服务智能化、业务化。最后，伴随着机器学习、人工智能、数字孪生、区块链等技术的日益成熟，为构建智慧减灾与数字孪生大数据云平台提供了新的契机，因此智慧减灾与数字孪生大数据云平台的构建及业务化应用可能是一个新的发展方向。

参考文献

[1] HEIMR R, BREWER M J. The global drought monitor portal: the foundation for a global drought information system [J]. Earth interactions, 2012, 16 (15): 1-28.

[2] SEPULCRE-CANTO G, HORION S, SINGLETON A, et al. Development of a combined drought indicator to detect agricultural drought in Europe [J]. Natural hazards and earth system science, 2012, 12 (11): 3519-3531.

[3] AGHAKOUCHAK A. Remote sensing of drought: progress, challenges and opportunities [J]. Reviews of geophysics, 2015, 53 (2): 452-480.

[4] ZHOU L, WU J, ZHANG J, et al. The integrated surface drought index (ISDI) as an indicator for agricultural drought monitoring: theory, validation, and application in Mid-Eastern China [J]. IEEE journal of selected topics in applied earth observations and remote sensing, 2013, 6 (3): 1254-1262.

[5] VERRELST J, CAMPS-VALLS G, MUNOZ-MARI J, et al. Optical remote sensing and the retrieval of terrestrial vegetation bio-geophysical properties-a review [J]. ISPRS journal of photogrammetry and remote sensing, 2015 (108): 273-290.

[6] 陈鹏，潘锋，吴麟. 遥感技术在干旱监测中的应用研究分析 [J]. 华东科技，2023 (7): 51-53.

[7] AGHAKOUCHAK A. Remote sensing of drought: progress, challenges and opportunities [J]. Reviews of geophysics, 2015, 53 (2): 452-480.

[8] AGUTU N, AWANGE J, ZERIHUN A, et al. Assessing multi-satellite remote sensing, reanalysis, and land surface models' products in characterizing agricultural drought in East Africa [J]. Remote sensing of environment, 2017 (194): 287-302.

[9] BHAVANI P, ROY P S, CHAKRAVARTHI V, et al. Satellite remote sensing for monitoring agriculture growth and agricultural drought vulnerability using long-term (1982-2015) climate variability and socio-economic data set [J]. Proceedings of the national academy of sciences India, 2017, 87 (4): 733-750.

[10] NOUREDDINE B, DRISS E H, MARIAM S, et al. Developing a remotely sensed drought monitoring indicator for Morocco [J]. Geosciences (Switzerland), 2018, 8 (2): 55.

[11] HOUBORG R, RODELL M, LI B, et al. Drought indicators based on model-assimilated gravity recovery and climate experiment (GRACE) terrestrial water storage observations [J]. Water resources research, 2012, 48 (7): 2515-2521.

[12] YUHAS A N, SCUDERI L A. MODIS-derived NDVI characterisation of drought-induced evergreen dieoff in Western North America [J]. Geographical research, 2009, 47 (1): 34-45.

[13] ALI S, HENCHIRI M, YAO F, et al. Analysis of vegetation dynamics, drought in relation with climate over South Asia from 1990 to 2011 [J]. Environmental science and pollution research, 2019, 26 (11): 11470-11481.

[14] 于志磊，秦天玲，章数语，等. 近年来长江流域植被指数变化规律及气候因素影响研究 [J]. 中国水利水电科学研究院学报，2016，14 (5): 362-366, 373.

[15] 路京选，曲伟，付俊娥. 国内外干旱遥感监测技术发展动态综述 [J]. 中国水利水电科学研究院

学报，2009，7（2）：105－111.
[16] Richard A F，Jay P. The WSR－88D rainfall algorithm [J]. Weather & forecasting，1997，13（2）：377－395.
[17] 王亚许，孙洪泉，吕娟，等. 典型气象干旱指标在东北地区的适用性分析 [J]. 中国水利水电科学研究院学报，2016，14（6）：425－430.
[18] 刘宪锋，朱秀芳，潘耀忠，等. 农业干旱监测研究进展与展望 [J]. 地理学报，2015，70（11）：1835－1848.
[19] 卫洁，武志涛，李强子，等. 基于气象和遥感的黄淮海平原干旱监测 [J]. 中国农学通报，2019，35（5）：127－136.
[20] 周建，张凤荣，徐艳，等. 基于NDVI遥感反演的半干旱沙区耕地地表温度异质性研究 [J]. 农业工程学报，2019，35（7）：143－149.
[21] 姚晓磊，鱼京善，李占杰，等. CCI遥感土壤水在东北粮食主产区表征干旱的准确性评估 [J]. 北京师范大学学报（自然科学版），2019，55（2）：233－239.
[22] 夏依木拉提·艾依达尔艾力，赵蓉. 天山西部地区近50年干旱指数的演变特征 [J]. 中国水利水电科学研究院学报，2010，8（2）：88－96，106.
[23] CHOI M，JACOBS J M，ANDERSON M C，et al. Evaluation of drought indices via remotely sensed data with hydrological variables [J]. Journal of hydrology，2013（476）：265－273.
[24] 刘钰，彭致功. 区域蒸散发监测与估算方法研究综述 [J]. 中国水利水电科学研究院学报，2009，7（2）：256－264.
[25] FEYISA G L，MEILBY H，FENSHOLT R，et al. Automated water extraction index：a new technique for surface water mapping using landsat imagery [J]. Remote sensing of environment，2014（140）：23－35.
[26] PETTORELLI N. The normalized difference vegetation index [M]. Oxford University Press，USA，2013.
[27] 黄文琳，张强，孔冬冬，等. 1982—2013年内蒙古地区植被物候对干旱变化的响应 [J]. 生态学报，2019，39（13）：4953－4965.
[28] 张佳琦，张勃，马彬，等. 三江平原NDVI时空变化及其对气候变化的响应 [J]. 中国沙漠，2019，39（3）：206－213.
[29] GESSLER A，CAILLERET M，JOSEPH J，et al. Drought induced tree mortality—a tree－ring isotope based conceptual model to assess mechanisms and predispositions [J]. New phytologist，2018，219（2）.
[30] HEIM R R，BREWER M J. The global drought monitor portal：the foundation for a global drought information system [J]. Earth interactions，2012，16（15）：1－28.
[31] JIE L I，NING D T，CHENG H G，et al. Research progress on assessment of drought disaster based on 3S techniques [J]. Agricultural meteorology，2005，26（1）：49－52.
[32] MCNALLY A，SHUKLA S，ARSENAULT K R，et al. Evaluating ESA CCI soil moisture in East Africa [J]. International journal of applied earth observation and geoinformation，2016（48）：96－109.
[33] RING T. Recognize anthropogenic drought [J]. Biometric technology today，2018，2018（9）：12.
[34] 陈琰，肖伟华，王建华，等. 基于SPEI的三江平原干旱时空分布特征分析 [J]. 中国水利水电科学研究院学报，2018，16（2）：122－129.
[35] 张迎，黄生志，黄强，等. 基于Copula函数的新型综合干旱指数构建与应用 [J]. 水利学报，2018，49（6）：703－714.
[36] 豆晓军，吕娟，孙洪泉，等. 基于标准化降水指数的1959—2014年中国季节干旱时空特征分析

[J]. 中国水利水电科学研究院学报，2018，16（2）：149-155.

[37] DABANLI I，MISHRA A K，SEN Z. Long-term spatio-temporal drought variability in Turkey [J]. Journal of hydrology，2017（552）：779-792.

[38] 杜灵通，候静，胡悦，等. 基于遥感温度植被干旱指数的宁夏2000—2010年旱情变化特征 [J]. 农业工程学报，2015，31（14）：209-216.

[39] 屈艳萍，吕娟，苏志诚，等. 基于干旱事件过程的农业旱灾风险评估研究——以辽西北为例 [J]. 中国水利水电科学研究院学报，2017，15（5）：329-337.

[40] BENTO V A，GOUVEIA C M，DACAMARA C C，et al. A climatological assessment of drought impact on vegetation health index [J]. Agricultural and forest meteorology，2018（259）：286-295.

[41] 陈阳，范建容，郭芬芬，等. 条件植被温度指数在云南干旱监测中的应用 [J]. 农业工程学报，2011，27（5）：231-236，395.

[42] 吕娟，苏志诚，屈艳萍. 抗旱减灾研究回顾与展望 [J]. 中国水利水电科学研究院学报，2018，16（5）：437-441.

[43] 金菊良，宋占智，崔毅，等. 旱灾风险评估与调控关键技术研究进展 [J]. 水利学报，2016，47（3）：398-412.

[44] 聂娟，邓磊，郝向磊，等. 高分四号卫星在干旱遥感监测中的应用 [J]. 遥感学报，2018，22（3）：400-407.

[45] SADEGHI M，BABAEIAN E，TULLER M，et al. The optical trapezoid model：a novel approach to remote sensing of soil moisture applied to Sentinel-2 and Landsat-8 observations [J]. Remote sensing of environment，2017（198）：52-68.

[46] 张丹，胡万里，刘宏斌，等. 华北地区地膜残留及典型覆膜作物残膜系数 [J]. 农业工程学报，2016，32（3）：1-5.

[47] THOMAS B F. Sustainability indices to evaluate groundwater adaptive management：a case study in California（USA）for the sustainable groundwater management act [J]. Hydrogeology journal，2018，27（1）：239-248.

[48] SEPULCRE-CANTO G，HORION S，SINGLETON A，et al. Development of a combined drought indicator to detect agricultural drought in Europe [J]. Natural hazards and earth system sciences，2012，12（11）：3519-3531.

[49] 黄友昕，刘修国，沈永林，等. 农业干旱遥感监测指标及其适应性评价方法研究进展 [J]. 农业工程学报，2015，31（16）：186-195.

[50] YAN H X，MAHKAMEH Z，HAMID M. Toward improving drought monitoring using the remotely sensed soil moisture assimilation：a parallel particle filtering framework [J]. Remote sensing of environment，2018（216）：456-471.

[51] ZHANG D，LIU X，BAI P. Assessment of hydrological drought and its recovery time for eight tributaries of the Yangtze River（China）based on downscaled GRACE data [J]. Journal of hydrology，2019（568）：592-603.

[52] 雷添杰. 干旱对草地生产力影响的定量评估研究 [J]. 测绘学报，2017，46（1）：134.

[53] 王文，黄瑾，崔巍. 云贵高原区干旱遥感监测中各干旱指数的应用对比 [J]. 农业工程学报，2018，34（19）：131-139，309.

[54] UM M J，KIM Y，PARK D. Evaluation and modification of the drought severity index（DSI）in East Asia [J]. Remote sensing of environment，2018（209）：66-76.

[55] VERRELST J，CAMPS-VALLS G，MUNOZ-MARI J，et al. Optical remote sensing and the retrieval of terrestrial vegetation bio-geophysical properties—A review [J]. Isprs journal of photogrammetry and remote sensing，2015（108）：273-290.

[56] TADESSE T, WARDLOW B D, BROWN J F, et al. Assessing the vegetation condition impacts of the 2011 drought across the US southern great plains using the vegetation drought response index (VegDRI) [J]. Journal of applied meteorology and climatology, 2015, 54 (1): 153-169.

[57] 徐焕颖，贾建华，刘良云，等. 基于多源干旱指数的黄淮海平原干旱监测 [J]. 遥感技术与应用，2015，30 (1): 25-32.

[58] 于锐，刘新侠，杨鑫宇，等. 基于时间序列的冬小麦信息提取及灌溉信息识别方法研究 [J/OL]. 中国农村水利水电：1-29 [2024-06-26] .

[59] KEYANTASH J A, DRACUP J A. An aggregate drought index: assessing drought severity based on fluctuations in the hydrologic cycle and surface water storage [J]. Water resources research, 2004, 40 (9): 333-341.

[60] Brown J F, Wardlow B D, Tadesse T, et al. The vegetation drought response index (VegDRI): a new integrated approach for monitoring drought stress in vegetation [J]. Giscience & remote sensing, 2008, 45 (1): 16-46.

[61] TADESSE T, CHAMPAGNE C, WARDLOW B D, et al. Building the vegetation drought response index for Canada (VegDRI-Canada) to monitor agricultural drought: first results [J]. Mapping sciences & remote sensing, 2017, 54 (2): 230-257.

[62] NAM W H, TADESSE T, WARDLOW B D, et al. Developing the vegetation drought response index for South Korea (VegDRI-SKorea) to assess the vegetation condition during drought events [J]. International journal of remote sensing, 2017, 39 (5): 1548-1574.

[63] ZHOU L, WU J, ZHANG J, et al. The integrated surface drought index (ISDI) as an indicator for agricultural drought monitoring: theory, validation, and application in Mid-Eastern China [J]. IEEE journal of selected topics in applied earth observations and remote sensing, 2013, 6 (3): 1254-1262.

[64] 郭华东，肖函. "一带一路"的空间观测与"数字丝路"构建 [J]. 中国科学院院刊，2016，31 (5): 535-541，483.

[65] 冯平，任明雪，李建柱. 基于蒸散发干旱指数的子牙河流域干旱时空变化特征分析 [J]. 水资源保护，2024，40 (03): 35-43，70.

[66] 鲁佳琪，孟凡浩，罗敏，等. 黄河流域内蒙古段气象干旱与水文干旱变化对植被 NDVI 的影响 [J/OL]. 人民珠江：1-19 [2024-06-26] .

[67] LEI T J, WANG J B, HUANG P P, et al. Time-varying baseline error correction method for ground-based micro-deformation monitoring radar [J]. Journal of systems engineering and electronics, 2022, 33 (4): 938-950.

[68] PRICE J C. On the analysis of thermal infrared imagery: the limited utility of apparent thermal inertia [J]. Remote sensing of environment, 1985, 18 (1): 59-73.

[69] 詹志明，秦其明，阿布都瓦斯提·吾拉木，等. 基于 NIR-Red 光谱特征空间的土壤水分监测新方法 [J]. 中国科学 D 辑：地球科学，2006，36 (11): 1020-1026.

[70] GHULAM A, QIN Q, TEYIP T, et al. Modified perpendicular drought index (MPDI): a real-time drought monitoring method [J]. ISPRS journal of photogrammetry and remote sensing, 2007, 62 (2): 150-164.

[71] WANG L L, QU J J. NMDI: a normalized multi-band drought index for monitoring soil and vegetation moisture with satellite remote sensing [J]. Geophysical research letters, 2007, 34 (20).

[72] DU X, WANG S, ZHOU Y, et al. Construction and validation of a new model for unified surface water capacity based on MODIS data [J]. Geomatics and information science of Wuhan University, 2007, 32 (3): 205-207.

[73] 张红卫，陈怀亮，申双和，等. 基于表层水分含量指数（SWCI）的土壤干旱遥感监测［J］. 遥感技术与应用.2008，23（6）：600，624-628.

[74] GILLIES R R，KUSTAS W P，HUMES K S. A verification of the'triangle'method for obtaining surface soil water content and energy fluxes from remote measurements of the normalized difference vegetation index（NDVI）and surface e［J］. International journal of remote sensing，1997，18（15）：3145-3166.

[75] KIMURA R. Estimation of moisture availability over the Liudaogou river basin of the loess plateau using new indices with surface temperature［J］. Journal of arid environments，2007，70（2）：237-252.

[76] 齐述华，张源沛，牛铮，等. 水分亏缺指数在全国干旱遥感监测中的应用研究［J］. 土壤学报，2005，42（3）：367-372.

[77] JACKSON R D，IDSO S B，REGINATO R J，et al. Canopy temperature as a crop water stress indicator［J］. Water resources research，1981，17（4）：1133-1138.

[78] IDSO S B，CLAWSON K L，ANDERSON M G. Foliage temperature：effects of environmental factors with implications for plant water stress assessment and the CO2/climate connection［J］. Water resources research，1986，22（12）：1702-1716.

[79] SANDHOLT I，RASMUSSEN K，ANDERSEN J. A simple interpretation of the surface temperature/vegetation index space for assessment of surface moisture status［J］. Remote sensing of environment，2002，79（2-3）：213-224.

[80] GUPTA A，RICO-MEDINA A，CAÑO-DELGADO A I. The physiology of plant responses to drought［J］. Science，2020，368（6488）：266-269.

[81] LEE K H，ANAGNOSTOU E N. A combined passive/active microwave remote sensing approach for surface variable retrieval using tropical rainfall measuring mission observations［J］. Remote sensing of environment，2004，92（1）：112-125.

[82] 郝小翠，张强，杨泽粟. 基于MODIS的波文比干旱监测方法的建立［C］//中国环境科学学会. 2018中国环境科学学会科学技术年会论文集（第三卷），2018.

[83] 张文宗，周须文，王晓云. 华北干旱综合评估和预警技术研究［J］. 气象，1999（1）：30-33.

[84] BROWN J F，WARDLOW B D，TADESSE T，et al. The Vegetation drought response index（VegDRI）：a new integrated approach for monitoring drought stress in vegetation［J］. Giscience & remote sensing，2008，45（1）：16-46.

[85] WU J，ZHOU L，MO X，et al. Drought monitoring and analysis in China based on the Integrated surface drought index（ISDI）［J］. International journal of applied earth observation and geoinformation，2015（41）：23-33.

[86] 杜灵通，田庆久，王磊，等. 基于多源遥感数据的综合干旱监测模型构建［J］. 农业工程学报，2014，30（9）：126-132.